简明无线电管理

黄铭 赵卫栋 李霖 等著

电子工业出版社
Publishing House of Electronics Industry
北京·BEIJING

内 容 简 介

无线电管理支撑国民经济发展，服务国家电磁空间安全。在"两个大局"背景下，普及无线电管理知识，从知识驱动和交叉学科的角度讲好无线电频谱故事具有重要意义。全书分为6章，第1章为绪论；第2章介绍无线电频谱价值；第3章介绍无线电业务及应用；第4章介绍无线电监管体系；第5章讨论电磁空间无线电安全；第6章介绍基于 AI 的无线电监管。

本书适合政府相关部门的工作人员、通信相关专业的学生与高校教师及无线电管理、无线电监测系统开发人员等阅读。

图书在版编目（CIP）数据

简明无线电管理 / 黄铭等著. -- 北京 ：电子工业出版社，2024. 12. -- ISBN 978-7-121-49584-7

Ⅰ. TN92

中国国家版本馆 CIP 数据核字第 2025JQ0101 号

责任编辑：张梦菲

印　　刷：三河市君旺印务有限公司

装　　订：三河市君旺印务有限公司

出版发行：电子工业出版社

北京市海淀区万寿路 173 信箱　　邮编：100036

开　　本：720×1 000　1/16　印张：13.5　字数：259.2 千字　彩插：4

版　　次：2024 年 12 月第 1 版

印　　次：2024 年 12 月第 1 次印刷

定　　价：88.00 元

作者名单

黄　铭　　赵卫栋　　李　霖　　杨晶晶　　张艺舟
董城愿　　周　灿　　刘建光　　陈钰羽　　李应斌
蔡立伟　　梅芳周　　凌　霄　　陈俊昌　　张镭丹
刘曦元　　周忠超　　许　祝

前　言

　　无线电管理的主要任务是："管理好无线电频谱和空中卫星轨道资源、管理好无线电台站、管理好空中电波秩序，服务经济社会发展、服务国防建设、服务党政机关，突出做好重点无线电安全保障工作"，简称"三管理、三服务、一突出"。由于无线电管理对象"无线电波"看不见摸不着，无线电波传播特性与频率、带宽、调制和复用方式及地球物理空间等因素密切相关，加上多径、干扰、噪声，以及发射机和无线电监测站之间非协同关系等因素的影响，监测站从经历了多种损伤的无线电信号中精准提取信号类型、来波方向和发射源位置等特征非常困难。同时，由于无线电业务类型多，无线电管理对象涉及天、地和宇宙空间。因此，无线电频谱是世界上最难管理的自然资源之一。

　　目前，国内外出版了许多涉及无线电管理的专著和教材，但它们均针对特定学科领域问题进行论述，缺乏从知识驱动和跨学科角度研究无线电管理的专著。为了弥补这一不足，本书从学科知识点交叉的角度，通过讲述无线电频谱故事深入浅出地讨论无线电管理涉及的理论和技术问题。希望本书的出版能起到抛砖引玉的作用，促进无线电管理更好地支撑国民经济发展，服务国家电磁空间安全。

　　本书共 6 章，第 1 章为绪论，内容包括无线电管理简史、无线电管理和无线电管理目前面临的主要问题；第 2 章介绍无线电频谱价值，内容包括无线电频谱价值研究现状、中国信息通信研究院无线电频谱价值模型和云南大学无线电频谱价值模型；第 3 章介绍无线电业务及应用，内容包括无线电业务分类、移动业务、航空无线电导航业务、卫星固定业务和卫星移动业务、卫星无线电导航业务、射电天文业务；第 4 章介绍无线电监管体系，内容包括国际规则与国际会议、国内监管机构与法律法规、无线电监测技术设施和无线电管理一体化平台；第 5 章讨论电磁空间无线电安全，内容包括电子战、无人机监测、卫星互联网监测、电磁空间安全与总体国家安全观；第 6 章介绍基于 AI 的无线电监管，内容包括 AI 基础、谱传感与知识获取、知识推理与知识问答、智慧无线电监管、无线电监测数据集及应用。

在内容编排上，本书包括正文、小提示、无线电频谱故事和参考文献 4 个部分，无线电管理系统性知识通过正文来表达，目标是提升政策制定者和公众对频谱资源的理解及对其重要性的认识；正文、小提示和参考文献的结合体现了本书的专业性，读者可通过这些"接口"进一步学习不同学科的知识点，全面、准确掌握无线电管理知识体系；无线电频谱故事增加了本书的趣味性，作者通过讲述这些小故事，帮助读者进一步理解书中的内容，同时增加读者的阅读兴趣。这种趣味性和专业性的有机结合有利于培养新时代无线电管理人才。同时，作者相信，随着正文内容的不断完善和故事的增多，本书将有利于电磁空间安全学科的建立和人才培养，更好地服务无线电管理部门履行主要职能，促进行业发展。

本书的撰写和顺利出版得到了国家自然科学基金（62361055、61963037、62261059）、云南省叶声华院士工作站和云南省无线电安全理论与技术创新团队（202305AS350023）项目的资助。云南省高校谱传感与边疆无线电安全重点实验室的博士研究生和硕士研究生王晓燕、姚琦、张浩正、白海海、陈舒平、莫松艳、陈琦、彭子箫等也做了许多工作，在此表示感谢。由于作者水平所限，加上无线电管理涉及内容相关知识点多，书中难免存在疏漏之处，敬请读者批评指正。

云南省高校谱传感与边疆无线电安全重点实验室

目　录

第 1 章

绪　论

    无线电管理包括行政管理和技术管理，无线电管理涉及的学科门类和专业种类较多，学科人才培养体系尚未建立，无线电管理中的许多问题有待解决。本章首先回顾无线电管理的历史，然后介绍频谱管理原则、频谱管理和频谱监测，最后讨论目前无线电管理面临的主要问题。探讨如何解决这些问题正是撰写本专著的目的。

1.1　无线电管理简史

    自无线电发明开始，无线电监管就应运而生。1906 年，美国、日本及欧洲主要国家在德国柏林共同签署了《国际无线电报公约》，为无线电通信领域的国际合作奠定了基础。此后，美国国会在 1912 年和 1927 年相继通过了《1912 年无线电法案》与《1927 年无线电法案》；同时，美国制定了 0～60 MHz 无线电频率分配表，开始建设无线电监测系统。值得一提的是，《1927 年无线电法案》的通过不仅推动了无线电通信行业的规范与监管，还促成了独立监管机构美国联邦无线电委员会（FRC）的成立。

    1932 年，在西班牙马德里举办的国际电报和国际无线电电报会议汇聚了包括美国在内的 68 个国家，会议不仅关注有线电报通信领域，也深入探讨了无线电通信，国际电报联盟借此机会更名为国际电信联盟（International Telecommunication Union，ITU）。此后，ITU 主要负责全球无线电频谱分配、管理及全球电信标准的制定。ITU 自成立以来，通过《无线电规则》在全球范围内对频谱资源的规划与管理产生了深远的影响。

    1920 年，中国正式加入了国际电信联盟。随后，1932 年，中国首次派遣代表出席了在马德里召开的全权代表大会，并在会议上签署了《国际电信公约》，这标志着中国在无线电通信领域的国际地位得到了进一步巩固。1947 年，在美国新泽西州召开的全权代表大会上，中国首次获得行政理事会的理事国地位。然而，中华人民共和国成立后，中国在 ITU 的合法席位一度遭到非法剥夺。直至 1972 年 5 月，ITU 行政理事会第 27 届会议通过决议，正式恢复中国在 ITU 的合法席位。此后，我国一直秉持着积极且负责任的国际态度，深入参与 ITU 组织的各项会议与活动。

自中华人民共和国成立以来，我国无线电管理发展历程大致可划分为 3 个阶段，分别为军管时期（1949—1984 年）、改革发展时期（1984—2003 年）及依法行政时期（2004 年至今）。军管时期的管理原则是"少设严管"，无线电管理以服务国防安全为主要目标；改革发展时期，无线电管理机构从军队移交地方，依托国家改革开放及无线电业务高速发展，无线电管理为我国民用无线电通信事业发展提供了有力的保障，管理原则是"科学管理、促进发展"；依法行政时期，2004 年，《中华人民共和国行政许可法》的正式实施，对无线电管理工作产生了深远的影响。通过依法设立行政许可，无线电管理向更加规范、公正、高效、法治的方向发展，不仅提升了无线电管理的规范性和系统性，保障了无线电频谱资源的合理利用，维护了无线电波秩序和保障了无线电安全，同时促进了无线电产业的健康发展。这一时期的指导方针和管理原则是"三管、三服务、一突出"。20 世纪 90 年代，我国开始大规模建设无线电监测系统，目前已建成规模宏大、技术先进的无线电监测网络，包括短波/卫星监测网络和甚高频/超高频监测网络。

ITU 作为联合国机构中历史最长的一个国际组织，其机构包括电信标准化部门（TSS，即 ITU-T）、无线电通信部门（RS，即 ITU-R）和电信发展部门（TDS，即 ITU-D）。其中，ITU-R 负责管理国际无线电频谱和卫星轨道资源；制定无线电通信系统标准，确保有效使用无线电频谱，并开展有关无线电通信系统发展的研究；从事有关减灾和救灾工作所需无线电通信系统发展的研究。目前，ITU-R 设有 6 个研究组，分别从事频谱管理（SG 1）、无线电波传播（SG 3）、卫星业务（SG 4）、地面业务（SG 5）、广播业务（SG 6）和科学业务（SG 7）。历史上，ITU 有关无线电频谱划分和卫星轨道资源的使用权是"先占先得"，导致这些资源目前主要由部分发达国家主导。由于中国的崛起，不同国家和利益集团之间如何公正合理地利用这些资源已成为"大国竞争的前沿和中心"。以卫星轨道资源的使用为例，美国忧思科学家联盟网站统计，截至 2020 年年底，全球共有 3372 颗轨道卫星，其中，美国、中国和俄罗斯分别拥有 1897 颗、412 颗和 178 颗，美国、中国、俄罗斯卫星总量占比超过 73%。

军事领域的电磁频谱优势竞争尤其激烈。2012 年 3 月，美军发布了《联合电磁频谱管理行动条令》；2016 年 10 月，美军发布了《联合电磁频谱作战条令》，

2020 年 7 月，美军正式发布《联合电磁频谱作战条令》（编号：JP3-85）；2020 年 10 月，美国国防部发布《电磁频谱优势战略》，美军用"电磁战"概念替换"电子战"，并明确指出将电磁战与频谱管理融合为统一的电磁频谱作战，美军认为"电磁频谱内的行动自由将帮助部队更好地实施作战机动并夺取最终胜利"；2020 年 10 月，《中华人民共和国国防法》修订草案全文公布，新增规定国家采取必要的措施维护包括太空、电磁、网络空间在内的其他重大安全领域的活动、资产和其他利益的安全，强化了电磁空间安全的重要性。同时，5G、卫星互联网和 6G 的竞争有目共睹，电磁频谱的属地性管理原则将受到挑战，因此大国之间电磁频谱优势的激烈竞争和对抗不可避免[1]。

> ### 小提示 1：频率分配与频率划分
>
> 在一定的空间区域内，频率相同的无线电波会发生相互干扰现象，影响彼此的使用，通过划分无线电频率可以让不同发射台使用不同的频率，从而避免相互干扰。无线电频率划分是无线电管理的核心技术基础。《中华人民共和国无线电频率划分规定》在确立无线电业务分类与频率划分之间的合理关系上，发挥着不可替代的关键作用。该规定的历次修订均紧密结合 ITU 定期举办的世界无线电通信大会所修订的《无线电规则》，同时充分考虑国内频谱资源的实际利用状况，以确保国内标准与国际接轨。最新修订的《中华人民共和国无线电频率划分规定》自 2023 年 7 月 1 日起正式生效。

> ### 小提示 2："先占先得"原则及其演变
>
> 在无线电技术的萌芽阶段，无线电频谱资源普遍采纳了"先占先得"（First Come, First Served，FCFS）原则，并将其作为指导性的行动准则。然而，随着无线电技术及其应用的迅猛进步，频谱资源的稀缺性日益显著，"先占先得"原则已无法适应现代通信技术的快速发展需求，也无法推进全球发展及互联互通。鉴于此，一系列旨在推动全球频谱资源公平分配与高效利用的协调机制相继诞生，无线电频谱资源的国际竞争逐渐转变为主导规则和标准的竞争，竞争方式亦变得更为复杂多样。例如，在地球同步轨道（GEO）的频谱资源分配中，引入了规划机制，以强调公平分配；而其他轨道及频谱资源的分配，依然以"先占先得"原则为主导。

小提示 3：属地性管理原则

　　基于无线电波的传播特性，国家将无线电监测站分为短波/卫星监测站和甚高频/超高频监测站两大类。前者由国家无线电监测中心统一管理；后者主要由地方政府管理，负责地方所属行政区域范围内的无线电监测。为了解决边境地区的电磁干扰问题，ITU 发布的建议书规范了国家之间的无线电频率协调方法和保护距离要求。这种基于物理空域的管理模式被称为属地性管理原则。例如，ITU 给出了边境地区的空间电磁信号场强触发电平，相邻国家无线电系统在对方境内的载波场强不应该超过规定的触发电平，如果超过了应该进行干扰协调；《联合国海洋法公约》规定，领海是从领海基线量起最大宽度不超过 12 海里的一带水域；国际航空联合会提出卡门线（Karman Line），这是一条位于海拔 100 km 处，被大部分认可为外太空和与地球大气层的界线的分界线[2]。由于全球导航卫星和互联网卫星的轨道高度均在空域保护距离之外，因此随着这些业务的发展和广泛应用，上述原则将受到挑战。

1.2　无线电管理

1.2.1　频谱管理原则

　　《中华人民共和国无线电管理条例》规定，无线电频谱资源作为国家的重要战略资源，实行统一规划、合理开发和有偿使用的原则。

　　无线电频谱作为有限的宝贵资源，支撑着广泛的无线通信服务和技术应用。无线电频谱管理的宗旨在于实现无线电频谱资源的合理、有效、经济和可持续开发与利用，同时维护空中电波秩序，为各类无线电台（站）或设备在免受有害干扰、良好的电磁环境中正常运行提供保障。

　　在管理体制上，国家无线电管理机构负责全国无线电管理工作，依据职责拟定无线电管理的方针、政策，统一管理无线电频率和无线电台（站），负责无线电监测、干扰查处和涉外无线电管理等工作，协调处理无线电管理相关事宜。省、自治区、直辖市无线电管理机构在国家无线电管理机构和省、自治区、直辖市人民政府领导下，负责本行政区域除军事系统外的无线电管理工作，根据审批权限实施无线电频率使用许可，审查无线电台（站）的建设布局和台址，核发无线电台执照及无线电台识别码，负责本行政区域无线电监测和干扰查处，协调处理本行政区域无线电管理相关事宜。省、自治区无线电管理机构根据工作需要可以在本行政区域内设立派出机构。派出机构在省、自治区无线电管理机构的授权范围内履行职责。

在指导原则上，无线电管理工作应在国务院和中央军事委员会的统一领导下进行，遵循分工管理、分级负责的原则，促进资源保护、安全保障及产业发展。

总之，我国的无线电管理工作遵循国家法规原则，以科学管理为支柱，力求实现频谱资源的高效利用和无线电产业的可持续发展。在新时代背景下，这项工作的重要性越发凸显，既是保障国家电磁空间无线电安全的基础，也是推动科技进步和经济社会发展的关键驱动力。

1.2.2　频谱管理

频谱管理作为一种结合了政策和技术的专业化管理领域，其核心是对无线电频谱这一无形资源进行科学、规范的管理。频谱管理技术涉及电子通信工程、计算机科学、网络安全等众多学科领域，也涵盖了法律法规、技术标准及行政管理的综合应用，包括以下几个方面。

频率分配与台（站）管理。在审批无线电台（站）的行政许可申请及频率分配过程中，管理部门需要依据技术规范及设台地址的技术条件进行严谨的技术审核。其目的是确保各类业务和设备之间互不干扰，保证无线电频率的合理利用。这一过程涉及电磁兼容技术的应用，对频段的分配和指配需要预先进行电磁兼容性分析，以实现广播、移动通信、航空、卫星通信等各类无线电系统之间的和谐共存，避免干扰和冲突。

法规、政策及标准的制定。频谱管理的核心在于构建并实施相应的法规、政策和标准，以此规范无线电频谱的使用和管理。基于无线电波固有的传播特性，无线电业务也具有跨国互联互通的需求，确保全球范围内的一致性与互操作性至关重要，因此，频谱管理的技术在很大程度上受ITU所制定的国际准则影响。通过统一无线电通信规则、标准、方法和规范，可以确保各国和地区的无线电设备具有互操作性，促进全球通信服务畅通。这些标准规范覆盖了卫星通信、移动通信等多个领域，并为频谱监测、频率规划等提供了操作指南。

技术创新与发展。频谱管理领域的持续技术创新显得尤为重要。无线通信技术的迅猛发展，推动了新技术的应用，从而提高频谱利用效率、优化通信品质，并催生全新的通信服务与业务模式。为适应技术进步的需求，频谱管理本身也面临着技术创新与发展的挑战。

国际协调与合作。频谱管理涉及与周边国家、国际组织（ITU 等）的协商合作，共同解决跨国频谱管理和通信问题。国际协调与合作在频谱管理中占据重要地位。通过加强各国间的交流与协作，可以共同应对全球性的频谱管理挑战，统一标准规范，推动全球无线电通信领域的持续发展与进步。

无线电监测。在频谱管理中，无线电监测是至关重要的技术支撑，监测技术进步和覆盖能力需要不断提升，以适应迅猛增长的无线电业务，从而保障各类无线电通信正常运行所需的良好电磁环境。

综上所述，无线电管理的技术特征包括对频谱的规划分配、频率和台（站）的管理、干扰的监测处理、政策法规的制定执行、国际的协调合作、技术的不断创新及无线电监测等。这些特征共同构成了对无线电频谱资源有效管理的基础。

小提示 4：频谱管理

频谱管理的标准文件见《国家频谱管理手册》，内容包括前言、第 1 章（频谱管理基础）、第 2 章（频谱规划）、第 3 章（频谱指配与核发执照）、第 4 章（频谱监测和检查）、第 5 章（频谱工程实践）、第 6 章（频谱经济学）、第 7 章（频谱管理活动自动化）、第 8 章（频谱利用和频谱利用效率的度量）、附件 1（频谱管理培训）、附件 2［欧洲邮电主管部门大会（CEPT）国家有关短程设备（SRD）的监管方式］和附件 3（国家频谱管理方面的最佳做法），共 336 页，感兴趣的读者可在 ITU 网站下载[3]。

1.2.3 频谱监测

无线电监测（频谱监测）目标及任务。主要目的是维护无线电波秩序，其任务包括无线电信号监测及干扰源定位工作，查找未经许可设置、使用的相关无线电台（站）；监测相关无线电台（站）是否按国际规则、我国与其他国家签订的协议、行政许可事项和要求等开展工作。

无线电监测机构。国家无线电监测中心和省、自治区、直辖市无线电监测站作为无线电管理技术机构，分别在国家无线电管理机构和省、自治区、直辖市无线电管理机构领导下，对无线电信号实施监测，实现对无线电频谱资源的有效管理和保护。

无线电管理技术设施建设。技术设施是指用于监测、分析及管理无线电频谱资源的技术手段和设备。无线电管理技术设施主要包括无线电监测网系统、无线电管理信息系统和设备检测系统等。无线电管理技术设施的主要功能是支撑对无线电频谱的有效管理和利用，防止和消除无线电干扰，维护无线电通信的正常运行。

重大活动保障。在重大活动（如大型会议、体育赛事等）中，无线电监测可以保障活动所使用的无线电设备彼此兼容，确保无线设备和业务之间不会形成干扰。同时，防止无线电频谱被用于恶意目的，确保重要活动的安全。

面临的挑战及未来发展方向。展望未来，无线电监测仍然面临监测技术设施难以适应快速发展的无线电通信技术和业务的问题，如低轨卫星互联网、手机直连卫星业务等空天一体化新型应用。此外，无线电监测也将面临智能化发展、政策法规完善及人才培养等多个层面的任务和挑战。

小提示 5：频谱监测

频谱监测的标准文件见《频谱监测手册》，内容包括引言、第 1 章（频谱监测在频谱管理系统中的重要作用）、第 2 章（组织、结构和人员）、第 3 章（监测设备和监测操作的自动化）、第 4 章（测量）、第 5 章（特殊监测系统和程序）、第 6 章（基础和支撑工具）、附件 1（监测系统的规划和招标），共 688 页，感兴趣的读者可在 ITU 网站下载[4]。

1.3 无线电管理目前面临的主要问题

1.3.1 频谱资源稀缺

无线电频谱作为一种珍贵的自然资源，其稀缺性问题日益突出。随着移动通信技术的不断发展，用户对数据传输速率和服务质量的需求越来越高。为了满足这些需求，新一代移动通信网要求宽带、融合、安全和泛在，其对无线电频谱带宽的需求几乎没有止境。然而，无线电频谱资源是有限的，如何有效地利用和管理这些资源，是无线电管理面临的一个重大挑战。此外，频谱分配的不均衡进一步加剧了频谱资源的稀缺性。由于通信技术发展历程中的历史原因，频谱分配存在诸多不合理之处，例如，部分优质频段的利用率较低，而一些新型技术与应用面临可用频谱的短缺问题。频谱的划分与分配需要随着技术与业务的发展不断进行重耕与迭代，这无疑增加了无线电管理的难度与挑战。

为应对频谱资源稀缺的挑战，包括美国在内的许多发达国家纷纷制定国家频谱战略，谋求通过科学合理的频谱分配政策，充分利用现有频谱资源，提升频谱利用效率，以满足日益增长的通信需求。同时，他们还大力投入更高频段开发应用，以及频谱资源共享技术的研究，以期在技术创新上占据先机，为未来通信发展的领先地位奠定基础。

展望未来，随着 6G 时代的来临，无线电频谱资源的重要性和稀缺性日益凸显。6G 技术的成功实施在很大程度上取决于频谱资源的有效分配。因此，我们务必高度重视无线电频谱资源的分配与管理，加大研发投入，促进技术创新，以实现频谱资源的高效利用。同时，还需要强化国际合作，共同探讨无线电频谱资源的可持续发展之道，以应对频谱资源日益稀缺所带来的挑战。

总之，无线电频谱资源的稀缺已成为制约通信产业发展的重要因素。我们需要从多方面着手，强化频谱资源的管理与分配，推动技术创新，深化国际合作，共同应对频谱资源稀缺的挑战，为全球通信产业的持续发展创造条件。

1.3.2 法规建设有待完善

现有法规概述。我国目前有两部主要的无线电管理相关政府法规。《中华人民共和国无线电管制规定》于 2010 年 8 月 31 日颁布，而修订后的《中华人民共和国无线电管理条例》是在 2016 年 11 月 11 日颁布的。这两部法规为我国的无线电管理工作提供了基本的法律依据。另外，《中华人民共和国刑法》第二百八十八条明确了对违反国家规定、干扰无线电通信秩序的行为的处罚措施。具体来说，违反规定设置、使用无线电台（站）或使用无线电频率，情节严重的，将被处以三年以下有期徒刑、拘役或者管制，并处或者单处罚金；如果情节特别严重，处罚将提升至三年以上七年以下有期徒刑，并处罚金。此外，《中华人民共和国民法典》第二百五十二条规定，无线电频谱资源属于国家所有。这一规定明确了无线电频谱资源的法律地位，为无线电频谱的合理使用和管理提供了法律基础。

存在的问题和不足。一是时效性不足，随着无线电技术的飞速发展，现有的两部政府法规均已有一段时间未进行修订，可能导致其内容与现实情况有所出入。二是层级结构不清晰，尽管有两部主要的无线电管理法规，但它们与其他相关法律法规的层级关系并不明确，可能导致执行过程中的困扰。三是内容衔接不紧密，两部法规之间，以及其他相关法律法规之间，可能存在内容上的不衔接，影响法律执行的连贯性。此外，对于违反无线电管理相关法律规定的行为，现有法规的法律责任部分可能需要进一步明确和细化。

改进建议。一是及时更新法规，建议对这两部政府法规及时进行修订，确保其内容与当前的无线电技术和应用情况相符。二是完善层级结构，考虑制定或修订一部高位阶的《无线电法》，作为无线电管理的基本法，再由其指导其他相关行政法规和部门规章。三是加强内容衔接，对所有相关法律法规进行系统性的审查，确保各法规之间的内容衔接紧密，避免出现法律空白或冲突。四是进一步明确法律责任，确保违法行为得到应有的制裁。此外，建议加强地方立法，鼓励地方根据实际情况制定相应的地方性法规。

1.3.3 智能化与智慧化水平亟待提升

无线电管理水平仍不适应社会经济发展的要求。随着信息化的广泛普及，工业化和信息化的深度融合已逐渐成为未来产业竞争的制胜关键，而新型工业化的积极推进，对知识化、信息化、全球化、生态化的产业发展有了更高的要求，也对无线电管理能力和水平提出了新的要求。与此同时，无线电频谱资源的紧张和无线电环境的复杂化使得无线电管理面临着更大的挑战。为确保频谱资源的合理利用和无线电管理的高效性，除继续将计算机辅助技术应用于频谱管理外，还必须与时俱进，促进人工智能在无线电管理中的应用，加强智能化与智慧化建设。

无线电监测面临自身发展瓶颈。在无线电管理方面，技术手段是最具活力的管理方式。为提高频谱资源的使用效率，我们需要建立先进的无线电监测网，实现动态、全面的频谱监测功能。尽管现有的无线电监测网建设已经初具规模，但监测技术、设施使用效率等方面仍有待提升，特别是自动化程度较低，难以满足通过监测手段提升频谱资源高度集约化利用的需求。提升无线电监测网智能化与智慧化水平将是无线电管理行业高质量发展的必然选择。

总之，无线电管理水平与新时代发展的要求还存在差距，加强智能化与智慧化建设已成为当务之急。只有通过不断创新，提升无线电管理水平，才能为我国无线电产业的持续、健康、高质量发展提供有力保障。未来，我们应当把握新一代信息通信技术的发展机遇，努力提高无线电管理水平，助力我国经济社会发展和国家安全。

小提示 6：计算机辅助技术应用于频谱管理

计算机辅助技术应用于频谱管理的标准文件见《应用于频谱管理的计算机辅助技术（CAT）手册》[5]，内容包括第 1 章（引言）、第 2 章（计算机技术）、第 3 章（频谱管理数据和数据库管理）、第 4 章（用于频谱管理的资料的电子交换）、第 5 章（自动化频谱管理过程的例子）和附件 1（频谱管理数据元素表），共 172 页，感兴趣的读者可在 ITU 网站下载[5]。

1.4　小结

由于无线电管理涉及的知识点多，文件规范复杂且经常更新，因此 ITU 非常重视计算机技术在无线电管理中的应用。随着无线电技术和人工智能的广泛应用，以及大国竞争的加剧，从专业的角度思考无线电管理如何更好地服务于经济社会发展和国家安全就成为科技工作者的初心与使命，基于此我们撰写了这本专著。专著在简要介绍无线电管理简史的基础上，依据《中华人民共和国无线电管理条例》讨论了频谱管理原则、频谱管理和频谱监测，同时结合实际工作经验探讨了目前无线电管理面临的主要问题，最后通过小提示介绍 ITU 标准文件，有助于读者深入理解国内外无线电管理技术的发展趋势。

参考文献

[1]　黄铭，杨晶晶，鲁倩南，等. 无线电监测研究现状与展望[J]. 无线通信，2021，11（3）：61-75.

[2]　哈姆·马扎尔. 无线电频谱管理政策、法规与技术[M]. 北京：电子工业出版社，2018.

[3]　国家频谱管理手册[R].（2015-01-01）.

[4]　频谱监测手册[R].（2011-01-01）.

[5]　应用于频谱管理的计算机辅助技术（CAT）手册[R].（2015-01-01）.

第 2 章

无线电频谱价值

　　2021 年《中华人民共和国民法典》第二编"物权"第二百五十二条中规定："无线电频谱资源属于国家所有"，无线电频谱资源是国家重要的战略稀缺资源。随着无线电业务的广泛应用，无线经济已成为国民经济的支柱产业。无线电频谱不仅具有经济价值，还具有文化价值和电磁空间安全价值，空间无线电频谱的使用权已成为大国竞争的前沿和中心。

2.1　无线电频谱价值研究现状

　　无线电频谱是一种特殊的自然资源，与其他自然资源的利用和经济价值研究不同，无线电频谱资源的市场化研究起步较晚。1959 年，诺贝尔经济学奖得主罗纳德（Ronald H. Coase）首次提出了创建频谱市场的概念，此后 25 年将频谱接入作为一种资产进行交易的想法没有被再次提及，直到无线电许可或频谱拍卖开始出现。1993 年，米尔格罗姆（Paul R. Milgrom）接受美国前总统克林顿的委托，参与美国联邦电信委员会（Federal Communications Commission，FCC）的电信运营执照的拍卖工作，天才地完成了频谱拍卖机制的主要设计，使 FCC 的拍卖大获成功，并因此与威尔森（Robert B. Wilson）同时获得了 2020 年诺贝尔经济学奖。20 世纪 90 年代，一般认为无线电频谱定价机制分为拍卖、自由化、频谱交易和行政定价 4 类，公认的无线电频谱价值占 GDP 的 3%左右。2017 年，ITU 发布了《频谱经济价值评估方法》（ITU-R SM.2012-6）[1]，介绍了建立频谱融资机制的策略、制定频谱费用公式和体系方法论的指导原则及主管部门在频谱管理经济问题研究中的经验等；2023 年 4 月，英国科学、创新与技术部发布了新的频谱声明，阐述了英国频谱政策的战略愿景和原则[2]；2023 年 11 月 13 日，美国白宫发布《国家频谱战略》和《总统备忘录》[3]，强调"美国的经济、技术领导力和安全取决于频谱。频谱是全球技术竞争中的一个重要战略领域，因为它支撑着美国及其盟友和合作伙伴的数字经济"。

　　2001 年，我国首次对 3.5 GHz 频段地面固定无线接入系统的频谱交易进行拍卖市场化探索，但最后实施效果并不理想。目前我国无线电频谱主要采用行政定价和免许可证应用方式。免许可证的频谱分配方式可以在规定的频段内自由使用频谱，如 2.4 GHz、5.8 GHz 等频段。频谱交易实施的案例少，中国广播电视网络有限公司 700 MHz 频段 5G 应用可以看作一种有益探索。频谱资源市场化的理论研究工作集中在 2010—2013 年，主要成果包括无线电频谱资源的市场化机制研究、无线电频谱资源的经济价值与定价研究，以及中国无线电频谱拍卖机制研究等[4]。

与国外无线电频谱资源价值定量计算方法不同[1][5]，我国无线电频谱市场化程度低，因此如何结合国情对无线电频谱价值进行定量研究，讲好中国的"无线电频谱故事"一直是国内无线电管理工作的主要难点之一。2015 年，云南大学与云南省无线电监测中心联合有关部门开展了无线电频谱价值研究，提出了新的无线电频谱价值模型，并于 2021 年在科学出版社出版了同名专著。2021 年，中国信息通信研究院发布的《中国无线经济白皮书》表明，中国无线经济占 GDP 比重为 5.43%，无线经济已成为国民经济的支柱产业。

> **小提示 1：无线电频谱资源价值定量计算**
>
> 频谱价值计算属于经济学科研究的问题，参考文献[2]提供了国外部分国家无线电频谱资源价值定量计算结果。例如，2011 年英国公众移动通信业务产生的价值为 487 亿英镑，广播电视产生的价值为 124 亿英镑；法国无线电频谱净值为 70.22 亿欧元。

2.2 中国信息通信研究院无线电频谱价值模型

2.2.1 中国信息通信研究院简介

中国信息通信研究院（以下简称中国信通院）始建于 1957 年，是工业和信息化部直属科研事业单位。多年来，中国信通院始终秉持"国家高端专业智库产业创新发展平台"的发展定位和"厚德实学 兴业致远"的核心文化价值理念，在行业发展的重大战略、规划、政策、标准的制定和测试认证等方面发挥了有力支撑作用，对我国通信业跨越式发展和信息技术产业创新壮大起到了重要推动作用。

近年来，为了适应经济社会发展的新形势、新要求，围绕国家"网络强国"

和"制造强国"新战略，中国信通院着力加强研究创新，在强化电信业和互联网研究优势的同时，不断扩展研究领域、提升研究深度，在 4G/5G、工业互联网、智能制造、移动互联网、物联网、车联网、未来网络、云计算、大数据、人工智能、虚拟现实/增强现实（VR/AR）、智能硬件、网络与信息安全等方面进行了深入研究与前瞻布局，在国家信息通信及信息化与工业化融合领域的战略和政策研究、技术创新、产业发展、安全保障等方面发挥了重要作用，有力支撑了互联网+、制造强国、宽带中国等重大战略与政策的出台及各领域重要任务的实施[6]。

2.2.2　中国信息通信研究院无线电频谱价值模型简介

2021 年 10 月 21 日，在国内无线经济高峰论坛上，中国信息通信研究院发布了《中国无线经济白皮书》（以下简称《白皮书》）。《白皮书》首次定义了无线经济的概念并测算了其规模，认为无线经济是以无线电频谱作为关键生产要素、以无线技术为核心驱动力，通过无线技术与实体经济深度融合，不断提高传统产业数字化、网络化、智能化水平，加速重构经济与治理模式的经济形态，《白皮书》核心观点[7]如下。

（1）无线经济已成为我国国民经济的重要组成部分，2020 年规模已超 3.8 万亿元，占我国 GDP 比重约为 3.8%；

（2）无线产业稳步快速发展，2020 年全国无线产业增加值规模超过 2.3 万亿元，占无线经济规模的 61%，是无线经济发展的基石和主导；

（3）无线赋能作用愈发显现，2020 年无线赋能增加值规模超过 1.5 万亿元，占无线经济规模的 39%，成为无线经济快速发展的关键动力；

（4）无线治理水平不断提升，我国持续创新频谱资源管理，不断提高频谱资源管理效能，出台了 5G、车联网等无线产业的多个相关政策，为无线经济发展保驾护航。

图 2.1 给出了全国无线经济规模及占 GDP 比重，可见 2011—2020 年无线经济占 GDP 的比重从 1.81%提升至 3.77%。《白皮书》揭示，除 2014 年外，2012—2020 年我国无线经济增速显著高于同期 GDP 增速，2020 年无线经济增长 15.2%，高于同期 GDP 增速约 13 个百分点。《白皮书》建立了如图 2.2 所示无线经济规模的测算框架，定义了无线产业、无线赋能等相关术语，基于统计方法和投入产出表分别测算了我国无线产业的经济规模和无线赋能经济规模，是我国近年来无线电频谱价值研究的重要创新性成果。

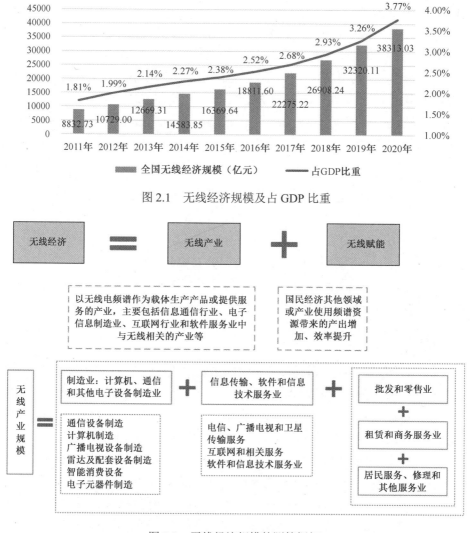

图 2.1 无线经济规模及占 GDP 比重

图 2.2 无线经济规模的测算框架

小提示 2：无线经济

无线经济是中国信息通信研究院在《白皮书》中首次定义的概念，为了便于比较研究，同时，与无线电频谱价值、数字产业化和产业数字化等通用术语衔接，本书作者称无线经济规模的测算框架为中国信息通信研究院无线电频谱价值模型。事实上，无线产业就是无线电频谱的数字产业化价值，无线赋能就是无线电频谱的产业数字化价值。

2.3　云南大学无线电频谱价值模型

2.3.1　无线电频谱价值模型

与中国信息通信研究院无线电频谱价值模型相比，云南大学提出的无线电频谱价值模型的创新点在于基于无线电监测数据，增加了无线电频谱的文化价值和电磁空间安全价值。云南大学在研究中首次通过实验发现，与夜间灯光数据和区域 GDP 存在正相关关系类似，无线电固定业务射频信号总能量与 GDP 同样存在正相关关系。云南大学无线电频谱价值模型的计算公式为[4]

$$C_t = \alpha_1 C_1 + \alpha_2 C_2 + \alpha_3 C_3 + \alpha_4 C_4 + \alpha_5 C_5 + \alpha_6 C_6 + \alpha_7 C_7 + \alpha_8 C_8 + \alpha_9 C_9 + \alpha_{10} C_{10}$$

其中，C_1 为直接价值，包括频率占用费和频率拍卖收益两部分；C_2 为基础电信价值；C_3 为电子信息制造价值；C_4 为软件及服务价值；C_5 为互联网价值；C_6 为数字技术在农业中的边际贡献价值；C_7 为数字技术在工业中的边际贡献价值；C_8 为数字技术在服务业中的边际贡献价值；C_9 为文化价值；C_{10} 为电磁空间安全价值。值得注意的是：无线电频谱的文化价值和电磁空间安全价值是无价的、不可计量的，因此在利用上述公式计算无线电频谱价值时 C_9 和 C_{10} 均取零；我国的无线电频率占用费和频率拍卖费基本不变，一般取 37.8 亿元。

图 2.3 为 2014—2016 年我国部分省份无线电频谱价值比较，由图可见，2016 年广东、上海和北京的无线电频谱价值分别是 49.54%、36.79% 和 27.92%，而甘肃的无线电频谱价值仅为 2.8%，全国各省市无线电频谱价值差距非常大。图 2.4 是部分国家无线电频谱价值比较，由图可见，2019 年中国的无线电频谱价值综合比例系数取 0.514 时占 GDP 的 18.75%；取 0.575 时占 GDP 的 20.97%。从计算结果来看，2019 年中国的无线电频谱价值可能被高估了，这可能有两方面的原因。一方面是由于统计项目和计算方法不同，产业价值重复计算导致 2019 年中国数字经济的规模被高估了。另一方面可能是上述计算公式中的综合比例系数需要进一步优化。因此，为了系统深入地研究无线电频谱价值，学界急需国家发布权威的数字产业化价值和产业数字化价值统计数据。

各省市无线电频谱价值（%）

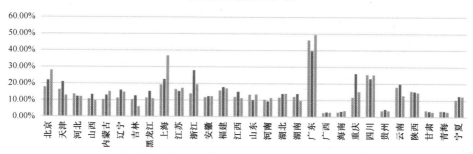

■ 2014年各省市无线电频谱价值（%）　■ 2015年各省市无线电频谱价值（%）　■ 2016年各省市无线电频谱价值（%）

图 2.3　2014—2016 年我国部分省份无线电频谱价值比较

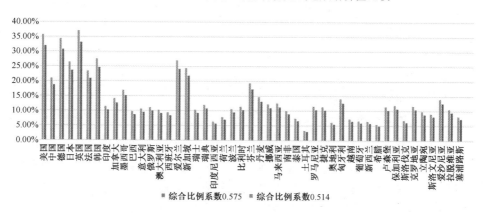

■ 综合比例系数0.575　■ 综合比例系数0.514

图 2.4　部分国家无线电频谱价值比较

小提示 3：夜间灯光数据

　　夜间灯光数据主要靠气象卫星搭载传感器获取地面夜间灯光亮度影像得到，是监测人类活动强度的良好数据源。徐康宁等[8]通过对 1992—2012 年中国省级面板数据进行回归，发现不同估计方法下灯光亮度与 GDP 之间均存在着显著的正相关关系，这表明灯光亮度在一定条件下可以作为观察经济增长的替代变量。夜间灯光数据是太空卫星对地球的"自然扫描"，最大限度地消除了造假的可能，比特定环境下受人类行为影响的 GDP 统计更为客观。同时，夜间灯光是人类产生的可见光频段的电磁频谱，受此启发，我们通过实验发现无线电固定业务射频信号总能量和 GDP 同样存在正相关关系，这是云南大学无线电频谱价值模型的重要创新点之一。该模型的另一个重要创新点是首次提出了无线电频谱的文化价值。

2.3.2　无线电频谱的文化价值

文化是国家和民族之魂，也是国家治理之魂。无线电频率规划助力打造国之重器和促进经济社会发展，无线电频谱应用促进文化传播、文化产业和科技发展。

（1）无线电频率规划助力打造国之重器。

无线电频谱规划是开展射电天文研究的基础，是进行探月工程、火星探测和载人航天工程研究的唯一通信手段，是打造国之重器的核心资源。ITU 分配给射电天文业务的频段，除少数专用频段外，都在一定的条件下与其他业务共用。这些频段大多分布在短分米波、厘米波、毫米波及波长更短的频段。例如，对最著名的中性氢 21 cm 谱线（1 420.406 MHz）分配了 1 400～1 427 MHz 的射电天文专用频段，这一频段同时供连续谱类型的观测使用（这种类型的射电天文观测与谱线观测不同，它不需要准确的频率，但需要较宽的频段）；在羟基 OH 谱线 1 665.401 MHz 和 1 667.358 MHz 附近，提供了 1 660～1 670 MHz 的频段；在氨谱线 23.694 GHz 和 23.723 GHz 附近，则提供了 23.6～24 GHz 的频段。此外，在米波段和长分米波段也都分配了一些频段，主要进行连续谱类型的观测，如 37.75～38.25 MHz 和 406～410 MHz 频段等。为了保护国之重器"中国天眼"FAST，早在 2016 年 9 月，贵州省就颁布了《黔南布依族苗族自治州 500 米口径球面射电望远镜电磁波宁静区环境保护条例》，对以 FAST 为中心、半径为 30 km 区域内的电波及生态环境进行保护。2019 年 3 月 28 日，贵州省新修订《贵州省 500 米口径球面射电望远镜电磁波宁静区保护办法》，并自 2019 年 4 月 1 日起正式施行。其明确规定，除保障射电望远镜正常运行需要外，核心区禁止擅自携带手机、数码相机、平板电脑、智能穿戴设备、对讲机和无人机等无线电发射设备或者产生电磁辐射的电子产品。探月工程、火星探测和载人航天工程的频率规划见参考文献[4]。

（2）无线电频率规划助力促进经济社会发展。

兵马未动，粮草先行。无线电频谱资源作为移动通信、民航和铁路等行业的生产要素，在国民经济中发挥着越来越重要的作用，无线电频率规划是无线电频谱服务经济社会发展的体现。为适应和促进 5G 系统在中国的应用和发展，根据《中华人民共和国无线电频率划分规定》，结合我国频率使用的实际情况，工业和信息化部 2017 年 11 月 9 日发布了《工业和信息化部关于第五代移动通信系统使用 3 300～3 600 MHz 和 4 800～5 000 MHz 频段相关事宜的通知》，这使我国成为国际上率先发布 5G 系统在中频段内频率使用规划的国家。通知明确 3 300～3 400 MHz（原则上限室内使用）、3 400～3 600 MHz 和 4 800～5 000 MHz 频段作为 5G 系统的工作频段；规定 5G 系统使用上述工作频段，不得对同频段或邻频段内依法开展的射电天文业务及其他无线电业务产生有害干扰；同时规定，自发布之日起，不再受理和审批新申请 3 400～4 200 MHz 和 4 800～5 000 MHz 频段内的地面固定业务频率，以及 3 400～3 700 MHz 频段内的空间无线电台业务频率和 3 400～3 600 MHz 频段内的空间无线电台测控频率的使用许可。国家无线电管理机构将负责受理和审批上述工作频段内 5G 系统的频率使用许可。5G 系统是中国实施"网络强国"和"制造强国"战略的重要信息基础设施，更是发展新一代信息通信技术的高地。频谱资源是研发、部署 5G 系统最关键的基础资源，根据技术和应用特点及电波传播特性，5G 系统需要高（24 GHz 以上毫米波频段）、中（3 000～6 000 MHz 频段）、低（3 000 MHz 以下频段）不同频段的工作频率，以满足覆盖、容量和连接数密度等多项关键性能指标的要求。本次发布的中频段 5G 系统频率使用规划综合考虑了国内外各方面的因素，统筹兼顾国防、卫星通信、科学研究等部门和行业的用频需求，依法保护现有用户用频权益，能够兼顾系统覆盖和大容量的基本需求，是我国 5G 系统先期部署的主要频段。铁路、民航、北斗卫星导航系统、工业互联网和物联网频率规划见参考文献[4]。

（3）无线电频谱应用促进文化传播、文化产业和科技发展。

宣传思想文化工作事关党的前途命运，事关国家长治久安，事关民族凝聚力和向心力。2022 年 8 月，中共中央办公厅、国务院办公厅印发了《"十四五"文化发展规划》，目标任务：一是全党全社会的思想自觉和理论自信进一步增强，习近平新时代中国特色社会主义思想绽放出更加绚丽的真理光芒，人民在精神上更加主动，新时代中国发展进步的精神动力更加充沛；二是社会文明程度得到新提高，社会主义核心价值观深入人心，中华民族的家国情怀更加深厚、凝聚力进一步增强，人民思想道德素质、科学文化素质和身心健康素质明显提高；三是文化事业和文化产业更加繁荣，公共文化服务体系、文化产业体系、全媒体传播体系和文化遗产保护传承利用体系更加健全，文化创新创造活力显著提升，文化和旅游深度融合，城乡区域文化发展更加均衡协调，人民精神文化生活日益丰富；四是中华文化影响力进一步提升，中外文化交流和文明对话更加深入，中国形象更加可信、可爱、可敬，推动构建人类命运共同体的人文基础更加坚实；五是中国特色社会主义文化制度更加完善，文化法律法规体系和政策体系更加健全，文化治理效能进一步提升。

这些目标任务中涉及文化传播和文化产业的专栏包括专栏 14、专栏 15 和专栏 16。专栏 14 国家文化大数据体系建设，其中文化体验体系建设：面向电视机大屏和移动终端小屏，以及文化馆等公共文化设施和学校、旅游景区、购物中心等公共场所，大力发展线上线下、在线在场文化体验。专栏 15 公共文化服务体系建设，其中智慧广电人人通：建设 5G 广播电视网络、业务系统，实施智慧广电固边工程和智慧广电乡村（城镇）工程，推动有线无线、广播通信、大屏小屏协同发展，实现人人通、移动通、终端通。推进广播电视直播卫星公共服务高清化升级，加强卫星地球站高清超高清传输能力建设。实施民族地区有线高清交互数字电视机顶盒推广普及项目，提升民族地区有线电视网络的业务承载和支撑能力。应急广播电视网络体系建设：加强国家应急广播电视网络调度，结合广电 5G 网络建设，完善各级调度控制和制作播发平台，支持县级应急广播电视网络体系建设，实现上下贯通、多级联动、可管可控、安全可靠。

专栏 16 国家有线电视网络整合和 5G 一体化发展，其中全国有线电视网络整合和互联互通平台建设：持续推进全国有线电视网络整合。统筹推进全国有线电视网络互联互通平台建设，升级改造骨干光缆传输网，建设广电宽带数据网、数据中心、智慧广电云、流媒体 CDN 平台，推动智能终端升级、互联网协议第六版（IPv6）部署应用及机房等基础设施建设。中国广电 5G 网络建设：推进 700MHz 5G 网络建设，基本实现全国范围的连续覆盖。优先推进重点地区核心网节点和无线基站建设。利用广电网络基础设施资源，新建、升级、扩容建设 5G 承载网，形成覆盖全国的省际、省干、市干数据网络。广电 5G 业务应用、测试验证及监管服务平台建设：打造面向全网用户和多屏分发的 5G 高新视频融合服务平台，建设以 5G 直播节目内容为主的播控系统、广电 5G 创新应用测试验证服务评价系统及监测监管技术研究与创新研发系统。

　　同时，与无线电频谱有关的科技成果可以改造文化，文化又会反作用于科技，同时影响经济和政治。例如，2017 年年中，"一带一路"沿线 20 国青年评选出了中国的"新四大发明"——高铁、网购、支付宝、共享单车，在这些来自五湖四海不同种族的留学生眼里，中国最便利的生活方式"新四大发明"已经深入他们的生活。"新四大发明"是近年来中国科技创新的缩影，不仅改变了中国人的生活，也刷新了世界对中国的认识，生动阐释了中国创新模式给世界的启示。2023 年 8 月 29 日，时任美国商务部部长雷蒙多首次访华，华为在雷蒙多访华期间推出了全球首款支持卫星通话的大众智能化手机 Mate 60 Pro，搭载全新自主研发的芯片，表明华为在 5G 领域突破了美国的芯片技术封锁。在雷蒙多回到美国后不到一个月，她便在出席的《芯片与科学法案》会议上直言华为在她访华期间发布新产品令她十分心烦。雷蒙多直言令她感到不爽的华为在世界上获得了无数掌声，而她之前对华为打算采取的打压政策也随之改变。她宣布美国会向中国出售芯片，但不会是高端芯片。华为 Mate 60 Pro 的发布不仅是一款手机产品的亮相，更是中国科技实力和自主创新能力的鲜明证明。当今的技术与产业变革风起云涌，变革的脚步迅猛且深远。在这种巨变之下，各国面对的是一场涉及经济、文化甚至政治格局的深度调整，这也为全球带来了一系列新的机遇与挑战。

由此可见，无线电频率规划助力打造国之重器和经济社会发展，无线电频谱应用促进文化传播、文化产业和科技发展，体现了无线电频谱的文化价值。

小提示 4：文化是国家和民族之魂

《普通高等学校本科专业目录（2020 年版）》中涉及文化的有文学、历史学和管理学学科门类，相对应地，我国大学专业名称为中国语言与文化、传播学、网络与新媒体、文化遗产和文化产业管理。目前，我国高等学校本科专业目录和专业名称体系中缺乏文理交叉融合的新文化学科门类，建设文化强国任重道远。

2.3.3 无线电频谱的电磁空间安全价值

电磁空间安全问题起源于电子战，虽然距今已有 120 多年的历史，但由于解放后我国一直处于和平时期，公众对电磁空间安全问题关注得比较少。与政府和公众对网络空间安全问题的关注度相比，电磁空间安全问题最近几年才进入大家的视野。

传统上，无线电管理主要关注两个基本问题。一是合理、有效、经济和可持续地开发与利用无线电频谱资源。二是维护空中电波秩序，为各类无线电台（站）或设备在良好的电磁环境中正常运行提供保障，避免受到有害干扰。例如，《中国无线电管理年度报告（2020 年）》揭示："十三五"期间，我国累计排查无线电干扰 9 500 余起；查处"黑广播"案件 12 054 起、"伪基站"案件 3 129 起；圆满完成中华人民共和国成立 70 周年系列庆祝活动等 20 余项国家级和 70 余项省级重大活动无线电安全保障任务，以及全国高考、公务员考试、司法考试等重要考试的无线电安全保障工作；开展专项监测，有效保护航空、铁路、水上等专用频率安全。可见，"十三五"期间国家无线电管理机构在排查无线电干扰和实施无线电安全保障方面任务繁重。

2020 年 10 月，美国国防部发布《电磁频谱优势战略》，美军用"电磁战"

概念替换"电子战",并明确指出将电磁战与频谱管理融合为统一的电磁频谱作战系统,美军认为"电磁频谱内的行动自由将帮助部队更好地实施作战机动并夺取最终胜利"。2020 年 10 月,《中华人民共和国国防法》修订草案全文公布,新增规定国家采取必要的措施维护包括太空、电磁、网络空间在内的其他重大安全领域的活动、资产和其他利益的安全,强化了电磁空间安全的重要性。2023 年 10 月 13 日,美国空军发布《太空军综合战略》,概述了美国太空军的未来愿景,明确了太空军的战略目标、优先事项和计划安排,对美军太空能力的发展和应用进行了详细规划。《太空军综合战略》是美军全面布局太空能力工作的延续,以图继续谋取未来太空优势。同年 11 月 13 日,美国发布《国家电磁频谱战略》,美国总统拜登称无线电频谱是"国家最重要的国家资源"之一。美国电磁频谱战略将加强频谱人才培养,提升国家频谱意识;推动技术创新(包括创新的频谱共享技术),提升美国工业竞争力,保护美国及其盟友和合作伙伴的数字经济发展。通过上面的讨论可见,加强频谱人才培养,提升国家电磁空间安全意识,更好地服务于国家安全和经济社会发展是"十四五"期间我国无线电管理工作面临的新挑战。

> **小提示 5:电磁空间安全**
>
> 电子战概念起源于 120 年前,是军方的专业术语。随着大国竞争的加剧,2020 年 10 月美军用"电磁战"概念替换"电子战";2020 年 10 月,《中华人民共和国国防法》修订草案全文公布,新增规定国家采取必要的措施维护包括太空、电磁、网络空间在内的其他重大安全领域的活动、资产和其他利益的安全。2023 年年末,美国空军发布《太空军综合战略》、拜登政府发布《国家电磁频谱战略》,确保美军太空优势、保护美国及其盟友和合作伙伴的数字经济发展成为美国的战略目标。太空竞争挑战了无线电频谱的属地性管理原则,电磁空间安全已成为国家间竞争的新疆域。

2.4　小结

无线电频谱资源是国家重要的战略稀缺资源,依托于这种资源发展起来的无线经济已成为国民经济的支柱产业。同时,无线电频谱还具有文化价值和电磁空间安全价值。因此,在大国竞争和铸牢中华民族共同体意识的背景下,研究无线电频谱价值，讲好中国的"无线电频谱故事"，不但有利于提升政策制定者和公众对频谱资源的理解及其重要性的认识，而且有利于培养新时代无线电管理的人才，更好地服务于新时代国家安全和经济社会发展战略。

参考文献

[1] ITU-R. 频谱管理的经济问题[R]. （2018-01-01）.

[2] The UK's new strategic vision for spectrum policy[EB/OL]. （2023-04-12）.

[3] FACT SHEET: Biden-Harris Administration Issues Landmark Blueprint to Advance American Innovation, Competition and Security in Wireless Technologies[EB/OL]. （2023-11-14）.

[4] 陈德章, 黄铭, 杨晶晶. 无线电频谱价值研究[M]. 北京：科学出版社，2021.

[5] 哈姆·马扎尔. 无线电频谱管理政策、法规与技术[M]. 北京：电子工业出版社，2018.

[6] 中国信息通信研究院简介[EB/OL].

[7] 中国信息通信研究院. 中国无线经济白皮书[R]. （2021-10-12）.

[8] 徐康宁, 陈丰龙, 刘修岩. 中国经济增长的真实性：基于全球夜间灯光数据的检验[J]. 经济研究，2015，50（9）：2917-2957.

第 3 章

无线电业务及应用

　　无线电业务涉及天、地和宇宙空间，无线电频谱看不见、摸不着，是世界上最难管理的自然资源。本章首先简要介绍无线电业务分类，然后介绍与经济社会发展和公众密切的移动业务，最后讨论航空无线电导航业务、卫星固定业务和卫星移动业务、卫星无线电导航业务，以及射电天文业务。同时，本章讨论空间业务发展引发的大国竞争和射电天文业务挑战人类认知等问题。

3.1　无线电业务分类

　　无线电业务包括地面业务、空间业务和射电天文业务三大业务类型。其中，地面业务涉及固定业务、广播业务、移动业务、气象辅助业务、业余业务、安全业务、无线电测定业务、特别业务、标准频率和时间信号业务、航空固定业务、陆地移动业务、水上移动业务、航空移动业务、无线电导航业务、无线电定位业务、港口操作业务、船舶移动业务、航空移动（R）业务、航空移动（OR）业务、水上无线电导航业务和航空无线电导航业务共 21 种；空间业务涉及卫星固定业务、卫星移动业务、卫星广播业务、卫星间业务、卫星无线电测定业务、卫星业余业务、空间研究业务、空间操作业务、卫星地球探测业务、卫星标准频率和时间信号业务、卫星陆地移动业务、卫星水上移动业务、卫星航空移动业务、卫星无线电导航业务、卫星无线电定位业务、卫星气象业务、卫星航空移动（R）业务、卫星航空移动（OR）业务、卫星航空无线电导航业务和卫星水上无线电导航业务共 20 种；射电天文业务 1 种。无线电业务分类如图 3.1 所示。图 3.2 为中华人民共和国无线电频率划分图。

　　为了充分、合理、有效地利用无线电频谱资源，保证无线电业务的正常运行，防止各种无线电业务、无线电台（站）和系统之间相互干扰，国家根据各类无线电业务的用频需求和不同频段的电波传播特点，将无线电频谱资源分段划分给不同的无线电业务使用，这种做法称为无线电频率划分。ITU 为世界各地区做了统一的无线电频率划分，各国根据自身实际情况在 ITU 划分的总体框

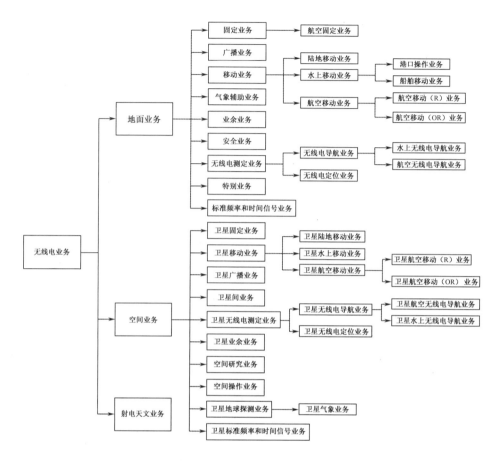

图 3.1　无线电业务分类

架下进一步划分各自的频率。我国最新的频率划分规定为《中华人民共和国无线电频率划分规定》。该规定于 2023 年 7 月起施行，共划分了 559 个频段（$f_i\sim f_j$），f_i 为开始频率，f_j 为结束频率，其中 275～3 000 GHz 频段未划分。用频单位须按该规定划分的业务频段分配、指配和使用频率，除非另经国家无线电管理机构批准。规定中多种业务共用同一频段，相同标识的业务使用频率具有同等地位，除另有明确规定者外；遇有干扰时，一般应本着后用让先用、无规划的让有规划的原则处理；当发现主要业务频率遭受到次要业务频率的有害干扰时，次要业务的有关主管或使用部门应积极采取有效措施，尽快消除干扰；当涉及有关国际频率问题时，除双边另有协议外，按我国在国际电信联盟文件上签署的意见处理。目前，各类无线电业务在各行各业中都得到了应用，本书 3.2 节至 3.6 节将分别介绍移动业务、航空无线电导航业务、卫星固定业务和卫星移动业务、卫星无线电导航业务和射电天文业务。

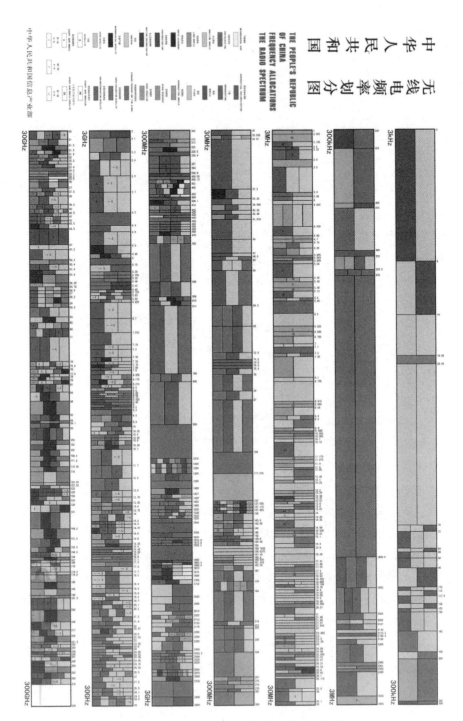

图 3.2 中华人民共和国无线电频率划分图

（本图彩色版本见本书彩插）

> **小提示 1：划分、分配和指配**
>
> 　　划分、分配和指配是频率管理的三个重要术语，搞清楚这三者的关系是无线电管理的前提。划分是指将某个特定的频段列入频率划分表，规定该频段可在指定的条件下供一种或多种地面或空间无线电通信业务或射电天文业务使用；分配是指将无线电频率或频道规定由一个或多个部门，在指定的区域内供地面或空间无线电通信业务在指定条件下使用；指配是指将无线电频率或频道批准给无线电台在规定条件下使用。由于无线电看不见、摸不着，因此如何鉴别用频单位是否在规定条件下（例如，指配的频率、功率、调制方式、时间和地点等）使用无线频率是无线电管理工作的主要难点之一。

3.2　移动业务

3.2.1　移动业务简介

　　移动业务特指地面移动业务，地面移动业务包括移动业务、陆地移动业务、水上移动业务、航空移动业务、港口操作业务、船舶移动业务、航空移动（R）业务和航空移动（OR）业务；在空间业务中，涉及移动业务的共 6 类。

　　移动业务（Mobile Service）是移动电台和陆地电台之间，或者各移动电台之间的无线电通信业务。

　　陆地移动业务（Land Mobile Service）是基地电台和陆地移动电台之间，或者陆地移动电台之间的移动业务。

　　水上移动业务（Maritime Mobile Service）是海岸电台和船舶电台之间，或者船舶电台之间或相关的船载通信电台之间的一种移动业务；营救器电台和应急示位无线电信标电台也可参与此种业务。

　　港口操作业务（Port Operations Service）是海（江）岸电台与船舶电台之间，或者船舶电台之间在港口内或港口附近的一种水上移动业务。其通信内容只限于与作业调度、船舶运行和船舶安全，以及在紧急情况下的人身安全等有关的信息。这种业务不用于传输属于公众通信性质的信息。

船舶移动业务（Ship Movement Service）是在海岸电台与船舶电台之间，或者船舶电台之间除港口操作业务外的水上移动业务中的安全业务。其通信内容只限于与船舶行动有关的信息。这种业务不用于传输属于公众通信性质的信息。

航空移动业务（Aeronautical Mobile Service）是在航空电台和航空器电台之间，或者航空器电台之间的一种移动业务。营救器电台可参与此种业务；应急示位无线电信标电台使用指定的遇险与应急频率也可参与此种业务。

航空移动（R）业务［Aeronautical Mobile（R）Service］是指主要供国内或国际民航航线的飞行安全和飞行正常通信使用的航空移动业务。在此 R 为 Route 的缩写。

航空移动（OR）业务［Aeronautical Mobile（OR）Service］是指主要供国内或国际民航航线以外的通信使用的航空移动业务，包括那些与飞行协调有关的通信。在此 OR 为航路外 Off-Route 的缩写。

3.2.2　公众移动通信系统

公众移动通信系统是陆地移动业务中发展最快、应用最广、经济效益最高的无线电通信系统，如第一代移动通信系统（1G）、第二代移动通信系统（2G）、第三代移动通信系统（3G）、第四代移动通信系统（4G）、第五代移动通信系统（5G），以及目前正在发展的第六代移动通信系统（6G）。基于公众移动通信系统和互联网融合发展起来的移动互联网不仅促进了电子商务的发展，而且支撑了数字经济和经济数字化转型。从无线电管理的角度看，公众移动通信系统是围绕如何提高频谱效率、传输质量、增加带宽和减少延迟方向发展起来的。

在公众移动通信系统中，最著名是基于物理空间频谱复用的蜂窝通信，图 3.3 为蜂窝通信原理示意。1978 年，贝尔实验室成功测试了世界上第一个蜂窝移动通信系统 AMPS（Advanced Mobile Phone System），并于 1983 年正式投入商用，开启了蜂窝移动通信时代。然而这种 1G 系统在技术上存在诸多局限性，如无统一标准、业务量小、质量差（采用模拟调制技术）、无加密和传输速率低等。

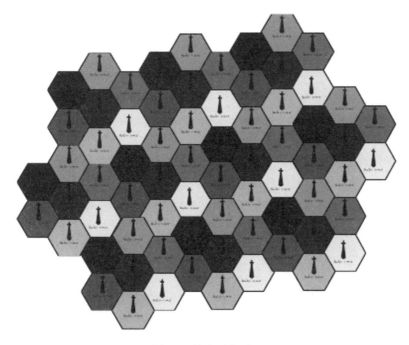

图 3.3 蜂窝通信原理

（本图彩色版本见本书彩插）

20 世纪 80 年代中期，欧洲率先推出了泛欧数字移动通信系统（Global System for Mobile Communications，GSM）。随后，美国也制定了数字移动通信体制（Digital AMPS，DAMPS）和 IS-95，移动通信进入了 2G 时代。数字移动通信相对于模拟移动通信，提高了频谱利用率和传输质量，并支持多种业务服务。GSM 采用 FDD（Frequency Division Duplexing）方式和 TDMA（Time Division Multiple Access）方式，每载频支持 8 个信道，信号带宽 200 kHz。GSM 标准体制较为完善，技术相对成熟，支持 64 kbps 的数据速率。DAMPS 采用 TDMA 方式；IS-95 采用码分多址（Code Division Multiple Access，CDMA）方式，是美国个人通信系统（PCS）的首选技术。

为了解决 2G 系统面临的主要问题，满足分组数据传输和频谱利用的更高要求，1985 年，ITU 提出了未来公共陆地移动电信系统（Future Public Land Mobile Telecommunication System，FPLMTS）的概念；1995 年，ITU 将 FPLMTS 更名为国际移动电信 2000（IMT-2000），即 3G 系统。1998 年，ITU 推出 WCDMA 和 CDMA2000 两个商用标准；2000 年，中国推出 TD-SCDMA 标准。此后，各国通信领域陆续实现了从 2G 系统向 3G 系统的升级，移动通信进入 3G 时代。

由于 3G 技术的局限性，在 3G 技术推广应用的同时，国际上就开展了 4G 的研究。2005 年，ITU-R 会议给出了 4G 的正式名称 IMT-Advance；2012 年，ITU 正式确定了 4G 的标准 LTE-Advance 和 IEEE 802.16m，我国提出的 TD-LTE-Advance 成为国际标准。由于 4G 采用正交频分复用技术（Orthogonal Frequency Division Multiplexing，OFDM）、多输入多输出（Multi Input Multi Output，MIMO）和载波聚合等关键技术，提高了频谱效率、传输质量和带宽。同时，4G 采用基于分组交换的无线接口满足了 IP 传输的要求，实现了公众移动通信系统与互联网的融合，人类社会进入了移动互联网时代。从无线电管理的角度看，采用 4G 技术使移动通信基站变小，天线与基站之间的馈线变短，频谱效率进一步提高，无线电业务服务经济社会发展的能力进一步提高。

为了实现高带宽、大连接和低时延的目标，5G 技术应运而生。在无线电传输技术上，由于 5G 采用了大规模 MIMO（Massive MIMO）、非正交多址接入（Non-Orthogonal Multiple Access，NOMA）和 Polar 码等核心技术，可以实现三大场景的应用目标，即增强移动宽带 eMBB（enhanced Mobile BroadBand）场景、高可靠低时延连接（Ultra-Reliable Low Latency Communications，URLLC）场景和海量机器类通信（massive Machine-Type Communications，mMTC）场景。2019 年 6 月 6 日，工业和信息化部正式向中国电信、中国移动、中国联通和中国广电发放 5G 商用牌照，我国正式进入 5G 商用元年。2023 年 1 月，工业和信息化部统计，我国已累计建成 5G 基站 337.7 万个；5G 定制化基站、5G 轻量化技术实现商用部署；5G 应用融入 71 个国民经济大类，"5G+工业互联网"项目数超 1 万个，全国行政村通 5G 比例超过 80%。目前，我国已成为 5G 技术和应用领先的国家。5G 商用规模在全球范围内快速发展的同时，世界各国已开始全面铺开 6G 研发布局[2]，空天地海一体化网络是 6G 的主要特征。

小提示 2：蜂窝通信原理

在如图 3.2 所示的蜂窝通信系统中，颜色不同的六边形小区分配不同的频率，将颜色相同的六边形地理位置分开实现了物理空间中的频率复用，这种"小区制"的频率复用蜂窝通信原理从根本上解决了有限的频谱资源与日益增长的用户之间的矛盾。虽然这样会引入同频干扰，但只要干扰小于指定门限就不会影响通信质量，现有的公众移动通信系统都是依据这一原理发展起来的。

3.3 航空无线电导航业务

3.3.1 航空无线电导航业务简介

航空无线电导航业务（Aeronautical Radionavigation Service）是指有利于航空器飞行和航空器安全运行的无线电导航业务。《中华人民共和国无线电频率划分规定》（2023 年）为航空无线电导航业务划分了 52 个频段，其中，主要业务 46 个频段，次要业务 6 个频段，如表 3.1 所示。每个频段采用"频段[次]""（频段脚注）"和"[业务脚注]"编码，表中，"频段[次]"字段表示次要业务，"频段"表示主要业务；"（频段脚注）"和"[业务脚注]"字段有脚注标记则写在括号内，无脚注标记则缺省，脚注解释请查阅《中华人民共和国无线电频率划分规定》。例如，表 3.1 中 4 200～4 400 MHz 频段脚注和业务脚注分别为（5.437, 5.440）和[5.438]，业务脚注 5.438 定义为"航空无线电导航业务使用 4 200～4 400 MHz 频段，专供安装在航空器上的无线电高度表和在地面上的有关应答器使用"。

表 3.1 航空无线电导航业务频段划分

业务	频段[次]，（频段脚注），[业务脚注]
航空无线电导航业务	160～190 kHz；190～200 kHz；200～285 kHz；285～325 kHz，（5.73）；325～405 kHz；415～472 kHz，（5.80B，5.82），[5.77]；472～479 kHz，（5.80B，5.82），[5.77]；479～495 kHz，（5.82），[5.77]；505～526.5 kHz；526.5～535 kHz，（5.88），535～1 606.5 kHz[次]；74.6～74.8 MHz，（5.179）；74.8～75.2 MHz，（5.180）；75.2～75.4 MHz，（5.179）；**108～117.975 MHz**，（5.197A）；223～225 MHz；225～230 MHz，（5.250，CHN11）；230～235 MHz，（CHN11）；328.6～335.4 MHz，（5.258）；420～425 MHz；425～439 MHz；430～440 MHz，（5.282）；440～450 MHz，（5.282）；450～455 MHz[次]，（5.286，CHN28），[5.271]；455～456 MHz[次]，（CHN28），[5.271]；456～459 MHz[次]，（5.287，CHN28），[5.271]；459～460 MHz[次]，（CHN28），[5.271]；798～806 MHz[次]，（CHN31）；**960～1 164 MHz**，[5.328]；1 164～1 215 MHz，（5.328A），[5.328]；1 300～1 350 MHz，（5.149，5.337A，CHN12），[5.337]；1 535～1 544 MHz，（CHN18）；1 559～1 610 MHz，（5.341，CHN18）；1 610～1 610.6 MHz，（5.341，5.364，5.366，5.367，5.368，5.369，5.372，CHN18）；1 610.6～1 613.8 MHz，（5.149，5.341，5.364，5.366，5.367，5.368，5.369，5.372，CHN18）；1 613.8～1 621.35 MHz，（5.341，5.364，5.365，5.366，5.367，5.368，5.369，5.372，CHN18）；1 621.35～1 626.5 MHz，（5.208B，5.341，5.364，5.365，5.366，5.367，5.368，5.369，5.372，CHN18）；2 700～2 900 MHz，（5.423），[5.337]；**4 200～4 400 MHz**，（5.437，5.440），[5.438]；5 000～5 010 MHz；5 010～5 030 MHz，（5.328B，5.443B）；5 030～5 091 MHz，（5.444）；5 091～5 150 MHz，（5.444，CHN27）；5 150～5 250 MHz，（5.446，5.447B，5.447C，CHN44）；5 350～5 460 MHz，[5.449]；8 750～8 825 MHz，[5.470]；8 825～8 850 MHz，[5.470]；9 000～9 200 MHz，[5.337]；13.25～13.4 GHz，（5.498A），[5.470]；15.4～15.43 GHz；15.43～15.63 GHz，（5.511C）；15.63～15.7 GHz

航空无线电导航业务常见的应用系统包括无线电高度表[3]、仪表着陆系统（Instrument Landing System，ILS）、全向信标台（VHF Omnidirectional Radio Range，VOR）和广播式自动相关监视（Automatic Dependent Surveillance-Broadcast，ADS-B）系统等[4][5]。无线电高度表是用来测量飞机到地面垂直距离的机载无线电设备，是重要的飞行器仪表之一。ILS 为正在着陆过程中的航空器提供航道、下滑道和距离引导信息，从而使航空器能安全地降落到地面跑道上。VOR 包括机场全向信标台和航线全向信标台，用于引导飞机沿预定的航线飞行、归航和进场着陆。ADS-B 系统是基于全球卫星定位系统 GPS 数据链通信的一种航空器运行监视技术，该技术起源于欧洲，2015 年《中国民用航空 ADS-B 实施规划》要求[6]，2025 年年底所有航线运营的航空器应具备 ADS-B 功能。

3.3.2 ADS-B 系统

ADS-B 是国际民航组织确定的主要空中交通监视技术，该技术能有效提高管制员和飞行员的运行态势感知能力，提升航空公司的运行控制能力，扩大监视覆盖范围，提高空中交通安全水平、空域容量与运行效率。中国民航 ADS-B 运行体系如图 3.4 所示，图中装载于飞行器上的 ADS-B 机载设备通过接收卫星 GPS 和其他 GNSS 信号获得飞行器自身的水平位置数据，并将这些数据与无线电高度表等机载传感器收集的数据进行融合和编码，然后通过 ADS-B 机载设备不间断地进行广播，地面 ADS-B（OUT）接收机接收（1 090 MHz）这些广播信息，再通过地面网络传输给飞行服务处理中心，最后飞行服务处理中心将这些信息进行处理并用于空中交通监视。同时，其他飞行器上的 ADS-B（IN）机载设备也可以相互传递数据信息。

中国民用航空局要求[6]：中国民航大力推进监视系统技术变革，努力构建天、空、地一体化 ADS-B 运行体系，积极推动 ADS-B 建设与运行，到 2017 年年底，基本完成 ADS-B 地面设施布局，开始初始运行；到 2020 年年底，全面完成机载设备加改装和地面 ADS-B 网络建设，构建完善的民航 ADS-B 运行监视体系和信息服务体系，为空中交通提供全空域监视手段，为航空企业全面提供 ADS-B 信息服务；到 2025 年年底，根据 ADS-B 运行和实施的经验，不断完善 ADS-B 地面设施和地面 ADS-B 网络建设的布局，从整体上提高民航安全水平、空域容量、运行效率和服务能力，为实现民航强国提供强大技术支撑。目前，国内已建立了包含 ADS-B 空地数据交换、数据传输处理和数据应用的 ADS-B 运行体系。

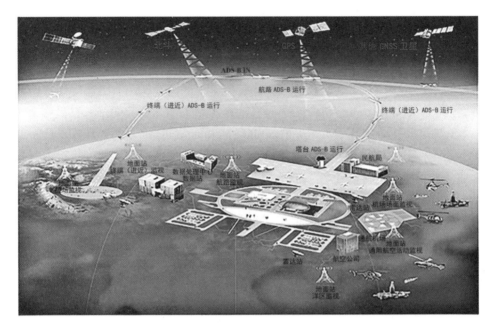

图 3.4　中国民航 ADS-B 运行体系

（本图彩色版本见本书彩插）

ADS-B 系统除用于空管、机场、航空公司和通用航空外，由于其广播数据格式等信息公开，公众可自行接收或从相关网站下载 ADS-B 数据，用于教学和科研。例如，本书作者将 ADS-B 数据与地面 FM 广播频段频谱数据进行融合，探讨了这种方法在无线电监管领域的应用[7]。

3.4　卫星固定业务和卫星移动业务

3.4.1　卫星固定业务和卫星移动业务简介

卫星固定业务是利用一个或多个卫星在处于给定位置的地球站之间的无线电通信业务；该给定位置可以是一个指定的固定地点或指定区域内的任何一个固定地点。在某些情况下，这种业务可运用于卫星间业务的卫星至卫星的链路，也可包括其他空间无线电通信业务的馈线链路。

空间卫星移动业务涉及卫星移动业务、卫星陆地移动业务、卫星水上移动业务、卫星航空移动业务、卫星航空移动（R）业务和卫星航空移动（OR）业务，共 6 类。卫星移动业务（Mobile-Satellite Service）是在移动地球站和一个或多个空间电台之间的一种无线电通信业务；或者该业务所利用的各空间电台之间的无线电通信业务；或者利用一个或多个空间电台在移动地球站之间的无线电通信业务。该业务也可以包括其运营所必需的馈线链路。卫星陆地移动业务（Land Mobile-Satellite Service）是移动地球站位于陆地上的一种卫星移动业务。卫星水上移动业务（Maritime Mobile-Satellite Service）是移动地球站位于船舶上的一种卫星移动业务；营救器电台和应急示位无线电信标电台也可参与此种业务。卫星航空移动业务（Aeronautical Mobile-Satellite Service）是移动地球站位于航空器上的卫星移动业务；营救器电台与应急示位无线电信标电台也可参与此类业务。卫星航空移动（R）业务 [Aeronautical Mobile-Satellite（R）Service] 是主要供国内或国际民航航线的飞行安全和飞行正常通信使用的卫星航空移动业务。卫星航空移动（OR）业务 [Aeronautical Mobile-Satellite（OR）Service] 是主要供除国内和国际民航航线外的通信使用的卫星航空移动业务，包括那些与飞行协调有关的通信。

卫星固定业务和卫星移动业务应用广泛，典型的应用系统包括卫星电视转播、高通量卫星、卫星移动通信系统和卫星互联网，表 3.2 为中国卫通集团股份有限公司（简称中国卫通）的卫星资源列表，由表可见，我国共有 17 个轨道位置[8]，在轨卫星 16 颗，其中高通量卫星 1 颗（中星 26 号），卫星容量大于100 Gbps。目前，卫星移动业务应用发展趋势是构建天地一体化网络，发展 6G网络，实现地面移动业务和卫星移动业务的融合，如手机直连卫星，表 3.3 为中高轨卫星手机直连/试验技术路线对比，表 3.4 为低轨卫星手机直连/试验技术路线对比。

表 3.2　中国卫通的卫星资源列表

单位	卫星名称，轨道位置，极化方式，频段，发射时间
中国卫通	中星 6B，115.5°E，线极化，C，2007-7-5；中星 6C，130°E，线极化，C，2019-3-10；中星 6D，125°E，双线极化，C/Ku，2022-4-15；中星 9 号，92.2°E，圆极化，Ku，2008-6-9；中星 9B，101.4°E，圆极化，Ku，2021-9；中星 10 号，110.5°E，线极化，C/Ku，2011-6；中星 11 号，98°E，线极化，C/Ku，2013-5；中星 12 号，87.5°E，线极化，C/Ku，2012-11；中星 15 号，51.5°E，圆极化/线极化，C/Ku，2016-1-16；中星 16 号，110.5°E，圆极化，Ka，2017-4-12；中星 19 号，163°E，线极化，C/Ku/Ka，2022-11-5；中星 26 号，125°E，圆极化，Ka，2023-2-23，高通量；亚太 5C，138°E，线极化，C/Ku，2018-9-10；亚太 6C，134°E，线极化，C/Ku/Ka，2018-5-4；亚太 6D，134°E，Ku/Ka，线极化；亚太 7 号，76.5°E，线极化，C/Ku，2012-3-31；亚太 9 号，142°E，C/Ku，2015-10-17；中星 26 号，125°E，圆极化，尚未发射

表 3.3　中高轨卫星手机直连/试验技术路线对比

对比项		北斗（华为）	天通	Skyterra	Inmarsat	Thuraya（eSAT Global）
网络体制标准	卫星通信体制	✓	✓			✓
	3GPP NTN 体制			✓	✓	
	地面蜂窝网体制					
手机终端	星地两套芯片	✓	✓			✓
	星地一套芯片			✓	✓	
星地通信频率	MSS 频率	✓	✓	✓	✓	
	地面频率					

表 3.4　低轨卫星手机直连/试验技术路线对比

对比项		AST Space Mobile	Lynk Global	全球星（苹果）	Iridium（高通）
网络体制标准	卫星通信体制			✓	✓
	3GPP NTN 体制				
	地面蜂窝网体制	✓	✓		
手机终端	星地两套芯片			✓	✓
	星地一套芯片	✓			
星地通信频率	MSS 频率			✓	✓
	地面频率	✓	✓		

在表 3.3 中，天通表示中国电信运营的高轨道卫星，华为 Mate 50 可以利用北斗卫星为用户提供短消息服务，华为 Mate 60 Pro 可以利用天通卫星为用户提供语音服务；NTN 表示非地面网络（Non-Terrestrial Network）；MSS 频率表示卫星移动业务频率。手机直连卫星要求允许卫星运营商使用 UHF 频段（614～652 MHz、663～698 MHz、698～758 MHz、775～788 MHz、805～806 MHz、824～849 MHz、869～894 MHz）和 S 频段（1 850～1 915 MHz、1 930～1 995 MHz、2 305～2 320 MHz、2 345～2 360 MHz）的地面频谱，目前该要求已得到 ITU 的许可（2023 年 2 月）。手机在直连卫星时，中高轨卫星要求采用信关站及其内部署基站、数字透明处理载荷、数字波束成形网络和超大口径可展开天线（30 m 以上）等技术；低轨卫星要求采用信关站或其内部署基站、星上基站（星上路由器和星间链路）、波束成形网络和超大口径可展开天线[9]。

下面分别介绍卫星电视转播和高通量卫星，本书第 5 章 5.3.2 节将讨论卫星互联网。

> **小提示 3：地面频谱**
>
> 无线电通信业务包括地面业务和空间业务。ITU 允许地面频谱与空间业务频谱共享，表明了发展空间业务，实现无线电业务集成与融合的重要性。但是，这将在频率分配和干扰协调等方面面临许多新的挑战。

3.4.2 卫星电视转播

卫星电视转播就是利用卫星转播电视的技术，与地面电视转播比较，卫星电视转播具有传播质量高、覆盖范围广和性价比高等优点。1962 年 7 月 23 日，人类历史上首次通过卫星实现了美国和欧洲之间的电视实况转播，开启了卫星电视转播的时代。1964 年 10 月 10 日，卫星转播了日本东京奥运会的比赛实况，观看实况比赛公众数量的增加扩大了奥运会在全球的影响力。1969 年 7 月 19 日，全球 47 个国家 7 亿多人同时观看了卫星转播的"阿波罗 11 号"人类第一次登月这一历史事件的实况，进一步扩大了卫星电视转播的影响力。1985 年 8 月，我国正式通过租用的国际通信卫星向全国传送中央电视台第一套节目，开启了我国卫星电视转播的新纪元，在中国广播电视史上写下了光辉的一页[10]。1988 年 3 月 7 日，我国"东方红 2 号甲"卫星发射成功，用于传送中央电视台第一套和第二套节目。随后，我国经历了"亚洲 1 号"卫星发射，购买美国"中星 5 号"，以及"亚太 1A"卫星、"亚洲 2 号"卫星和"鑫诺 1 号"卫星发射等阶段。1999 年 10 月，我国实现了所有省级电视台全部通过通信卫星播出。1997 年以来，随着数字卫星电视技术的应用，十几个省的广播节目与电视节目一起采用 DVB-S 数字标准传送，我国进入数字卫星电视时代。1998 年年底，国家广播电视总局开始采用 DVB-S 标准进行卫星广播电视直播试验，并从 1999 年元旦开始试验广播。1999 年 10 月以后，国家广播电视总局又将上述试验广播称为"村村通"电视，并扩大播出中央和省级电视节目和广播节目，以及境外监管平台节目。2023 年 12 月，我国直播卫星开通数量达到了 1.3 519 亿户[11]，从根本上解决了我国广播电视覆盖问题。图 3.5 为卫星电视接收系统框图，系统主要由天线、高频头、卫星接收机和电视机组成。天线的作用是将无线电波转换为高频电流，分正馈抛物面天线和偏馈抛物面天线；高频头的功能是下变频，主要由混频器、低噪声放大器、中放和本振组成，用于接收 C 波段和 Ku 波段的卫星信号；卫星接收机对中频信号进行解码。目前，"村村通"直播卫星接收系统市场价格（包括天线、高频头、卫星接收机和馈线）仅为 100 元左右，奠定了大规模推广应用的基础。

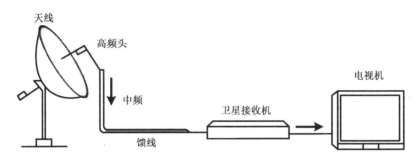

图 3.5　卫星电视接收系统框图

卫星电视转播经历了从模拟到数字，从高清到超高清的转换。超高清电视又可以称为 4K/8K（Ultra High-Definition，UHD）电视。所谓 4K 是指图像、视频分辨率达到 3 840×2 160，8K 是指图像、视频分辨率达到 7 680×4 320，而高清（High-Definition，HD）分辨率仅为 1 920×1 080。2018 年 10 月 1 日，中央广播电视总台 4K 超高清频道开播；2019 年 2 月 4 日直播了《2019 年中央广播电视总台春节联欢晚会》；2019 年 10 月 1 日直播了中华人民共和国成立 70 周年庆祝活动；2021 年 7—8 月转播了 2020 年东京奥运会。2022 年 1 月 24 日，中央广播电视总台 CCTV-8K 超高清频道开播，"百城千屏"公共大屏项目同时启动。2022 年北京冬奥会期间，CCTV-8K 超高清频道在冬奥高铁专列清河、延庆、太子城、崇礼 4 站 120 多块超高清大屏上进行了冬奥赛事展播。2023 年 8 月 18 日，CCTV-8K 超高清频道上线央视频 App。

国家广播电视总局非常重视发展高清超高清电视，2022 年 6 月 21 日，国家广播电视总局发布文件《国家广播电视总局关于进一步加快推进高清超高清电视发展的意见》，重点任务部分要求包括：①加快推进高清超高清电视制播能力建设；②有序关停标清电视频道；③大力推动有线电视网络高清超高清化发展；④加快推进直播卫星高清超高清进程；⑤持续推进 IPTV 高清超高清化进程；⑥稳步推进地面无线电视高清化。随着国家高清超高清进程的加快，"大屏""小屏"将共同发展。

3.4.3　高通量卫星

高通量卫星（High Throughput Satellite，HTS）采用多点波束技术和频率复用技术，在相同的频谱资源下高通量卫星的通信容量是传统卫星通信容量的数倍。单波束卫星和高通量多点波束卫星覆盖示意图如图 3.6 所示。

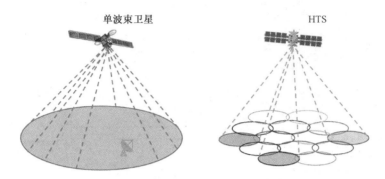

图 3.6　单波束卫星和高通量多点波束卫星覆盖示意图

高通量多点波束卫星通过采用类似地面蜂窝通信的技术实现了空间、时间、频率和功率的动态复用，从而提高了卫星通信容量。目前，HTS 单位带宽资费仅为陆地网络的几倍，未来甚至可与其持平，可满足地面网络无法覆盖区域的宽带互联网接入需求。表 3.5 给出了国内外部分高通量卫星的运行基本情况[12]，从表中可见，2017 年 ViaSat-2 容量为 260 Gbps，2023 年我国中星 26 号容量已超过 100 Gbps。未来卫星通信容量将超过 1Tbps，HTS 应用前景广阔。

表 3.5　国内外部分高通量卫星的运行基本情况

通信卫星	发射时间	运营商	轨道位置	用户链路频段	容量（Gbps）
ViaSat-2	2017 年 6 月	ViaSat	69.9°W	Ka	260
EchoStar-19	2016 年 12 月	Hughes	91.1°W	Ka	220
Inmarsat-5	F1：2013 年 12 月	Inmarsat	62.3°E	Ka	50
	F2：2015 年 2 月		55.0°W		
	F3：2015 年 8 月		180°E		
	F4：2017 年 5 月		备用星		
Intelsat EpicNG	IS-33e：2017 年 6 月	Intelsat	60°E	C、Ku	50～60
	IS-33e：2017 年 6 月		43°W	Ku、Ka	50～60
	IS-35e：2017 年 6 月		35.5°W	C、Ku	45
	IS-37e：2017 年 6 月		18°W	C、Ku、Ka	50～60
SES-15	2017 年 5 月	SES	129°W	Ku、Ka	—
SES-14	2018 年 1 月	SES	47.5°W	C、Ku	—
SES-12	2018 年 6 月	SES	95°E	Ku、Ka	—

续表

通信卫星	发射时间	运营商	轨道位置	用户链路频段	容量（Gbps）
Horizons-3e	2018 年 9 月	Intelsat，SKY Perfect JSAT	169°E	Ku、Ka	—
AMOS-17	2019 年 8 月	Spacecom	17°E	C、Ku、Ka	—
Kacific-1	2019 年 12 月	Kacific，SKY Perfect JSAT	150°E	Ku、Ka	60
SES-17	2021 年 10 月	SES	—	Ka	—
中星 26 号	2023 年 2 月	中国卫通	120°E	Ka	大于 100

多点波束技术和频率复用技术是 HTS 的核心技术。在传统的多波束卫星通信系统中，每颗卫星的频谱资源和功率资源一般根据事先确定的规则分配到各个载波上，在卫星的生命周期内不变，这种固定的资源分配方式限制了卫星容量的增加。为了解决这一问题，研究人员提出了跳波束（Beam Hopping）技术。该技术能够显著提高链路的传输能力，满足时空动态分布、需求相差迥异的业务需求。其工作原理是基于同一个时刻并不是卫星上所有的波束都在工作，而是只有其中的一部分波束工作的实际，采用时间分片的思想通过相控阵天线控制波束按需跳变到有业务请求的波位，这样减少了因信道空闲而造成的资源浪费。同时，工作波束能够动态使用系统的全部带宽和功率，大大提高了星上资源的利用率。

跳波束卫星通信系统的组成示意图如图 3.7 所示[13]，系统由网络控制中心（Network Control Center，NCC）、GEO（Geosynchronous Earth Orbit）卫星和多种用户终端组成。NCC 作为整个卫星通信网络的运行和管理中心，实现资源管理、运行管理、业务管理、用户管理、配置管理和安全管理等功能，提供系统的网络时钟同步、跳波束指令生成、用户接入与控制、路由与协议交换等功能。GEO 卫星上的波束控制器解调 NCC 的波束跳变指令，控制实现波束的跳变，覆盖有业务需求的终端波位。跳波束系统将传统数据业务连续突发，更改为基于时隙的突发，在特定的分配时隙内接收和发送自己的数据业务。用户终端在跳波束卫星通信系统中仅在波束驻留期间收发信号，其他时间无任何信号，终端需要具备突发接收功能和获取收发信号并实现同步的能力。

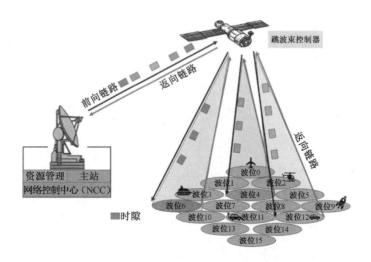

图 3.7　跳波束卫星通信系统的组成示意图

3.5　卫星无线电导航业务

3.5.1　卫星无线电导航业务简介

卫星无线电导航业务（Radio-navigation-Satellite Service）是用于无线电导航的卫星无线电测定业务（Radio-determination-Satellite Service）。《中华人民共和国无线电频率划分规定》(2023 年)为卫星无线电导航业务划分了 15 个频段，全部为主要业务频段，见表 3.6 所示。表中，每个频段采用"频段[次]""（频段脚注）""[业务脚注]"和"(x 对 y)"编码，表中没有"频段[次]"字段表明全部为主要业务；"（频段脚注）""[业务脚注]"字段部分有脚注标记写在括号内，无脚注标记则缺省，"(x 对 y)"字段表示（空对地）（空对空）或（地对空），脚注解释请查阅《中华人民共和国无线电频率划分规定》。例如，表 3.3 中 1 164～1 215MHz、（5.328A）、[5.328B]和（空对地）（空对空）各字段的意义分别是：1 164～1 215MHz 频段为主要业务；"5.328A"表示在 1 164～1 215MHz 频段内卫星无线电导航业务的电台应按照第 609 号决议（WRC-07，修订版）的规定运行；"5.328B"表示无线通信局于 2005 年 1 月 1 日以后收到完整的协调或通知资料的卫星无线电导航业务的系统和网络，在使用 1 164～1 300MHz、1 559～1 610MHz 和 5 010～5 030MHz 频段时，应采用《无线电规则》第 9.12

款、第 9.12A 款和第 9.13 款的规定；该频段服务为（空对地）（空对空）。

表 3.6　卫星无线电导航业务频段划分

业务	频段[次]，（频段脚注），[业务脚注]，（x 对 y）
卫星无线电导航业务	1 164～1 215 MHz，（5.328A），[5.328B]，（空对地）（空对空）；1 215～1 240 MHz，（5.332），[5.328B，5.329，5.329A]，（空对地）（空对空）；1 240～1 260 MHz，（5.332），[5.328B，5.329，5.329A]，（空对地）（空对空）；1 240～1 300 MHz，（5.282，5.335A），[5.328B，5.329，5.329A]，（空对地）（空对空）；1 300～1 350 MHz，（5.149，5.337A，CHN12），（地对空）；1 559～1 610 MHz，（5.341，CHN18），[5.208B，5.328B，5.329A]，（空对地）（空对空）；5 000～5 010 MHz，（地对空）；5 010～5 030 MHz，[5.328B，5.443B]，（空对地）（空对空）；43.7～47 GHz，（5.554）；66～71 GHz，（5.554）；95～100 GHz，（5.149，5.554）；123～126 GHz，（5.554）；126～130 GHz，（5.149，5.554）；191.8～200 GHz，（5.149，5.341，5.554）；238～240 GHz；252～265 GHz，（5.149，5.554）

目前，国内外提供卫星无线电导航业务的典型应用系统为全球导航卫星系统（Global Navigation Satellite System，GNSS），提供 GNSS 服务的系统包括 GPS（美国）、Galileo（欧盟）、GLONASS（俄罗斯）、北斗（中国）、QZSS（日本）和 NavIC（印度）。GNSS 的发展开始于 20 世纪 60 年代，1994 年由 24 颗卫星组成的美国 GPS 卫星星座布设完成，并实现全球覆盖；2010 年，GLONASS 覆盖俄罗斯全境，2011 年实现全球覆盖；2016 年 11 月，Galileo 提供初始服务；2018 年 12 月，北斗三号基本系统完成建设，并提供全球服务；2018 年，印度导航星座 NavIC（Navigation with Indian Constellation）的全部卫星发射完成，该卫星导航系统进入应用阶段；2018 年 3 月，日本准天顶卫星系统 QZSS（Quasi-Zenith Satellite System）完成在轨测试。GNSS 作为空间信息技术的基础设施，不仅能在全球范围内全天候为用户提供精确定位（Positing）、导航（Navigating）和授时（Timing）服务，简称 PNT 服务，还具有短报文服务功能，并已在交通运输、农业渔业、救灾减灾和公共安全等领域得到广泛应用。同时，GNSS 与地理信息系统（Geographic Information System，GIS）、遥感（Remote Sensing，RS）、电波传播和互联网等融合将有利于提升无线电管理水平。例如，云南大学电波传播预测系统（本书 6.5.4 节）和民用航空无线电监测系统[14]，提出了基于夜间灯光数据的无线电监测覆盖预测方法[15]，实现了无线电地图的高精度重构（本书 6.5.3 节）。

3.5.2　GPS

全球定位系统（Global Positioning System，GPS）是美国国防部从 20 世纪 70 年代开始研制，于 1994 年全面建成的具有全方位实时三维导航与定位能力的系统。GPS 由地面控制部分、用户设备部分和空间星座 3 部分组成，如图 3.8 所示。其中，地面控制部分包括卫星监测站、主控站和信息注入站；用户设备部分是各类 GPS 接收机；空间星座由 GPS 卫星组成，主要提供星历和时间信息，向用户发送伪距、载波信号和其他辅助信号。GPS 定位原理如图 3.9 所示，假设在 $T + t_u$ 时刻卫星 1、卫星 2、卫星 3 和卫星 4 分别发射广播信号，电波经过传播时间 t_u 后同时到达 GPS 接收器，GPS 接收器与卫星之间的伪距分别为 d_1、d_2、d_3 和 d_4，且计算公式为

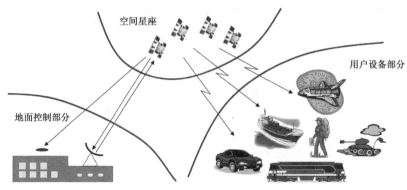

图 3.8　GPS 的组成

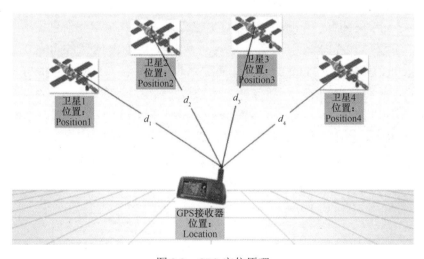

图 3.9　GPS 定位原理

$$d_1 = \sqrt{(x_1 - x_u)^2 + (y_1 - y_u)^2 + (z_1 - z_u)^2} + ct_u \qquad (3.1)$$

$$d_2 = \sqrt{(x_2 - x_u)^2 + (y_2 - y_u)^2 + (z_2 - z_u)^2} + ct_u \qquad (3.2)$$

$$d_3 = \sqrt{(x_3 - x_u)^2 + (y_2 - y_u)^2 + (z_3 - z_u)^2} + ct_u \qquad (3.3)$$

$$d_4 = \sqrt{(x_4 - x_u)^2 + (y_4 - y_u)^2 + (z_4 - z_u)^2} + ct_u \qquad (3.4)$$

式中，(x_1, y_1, z_1)、(x_2, y_2, z_2)、(x_3, y_3, z_3)、(x_4, y_4, z_4) 和 (x_u, y_u, z_u) 分别是卫星 1、卫星 2、卫星 3、卫星 4 和 GPS 接收器的空间位置；T 是 GPS 无线电信号离开卫星的时间。通过求解上述 4 个非线性方程组即可确定 GPS 接收器的空间位置 (x_u, y_u, z_u) 和时间 t_u。GPS 建成后获取了巨大的成功，随后世界主要国家均开始建设功能类似于 GPS 的卫星无线电导航定位系统。

目前，全球的导航定位系统已呈现百花齐放的局面。截至 2022 年 1 月，在轨运行的导航卫星数量已达 134 颗，并且拥有丰富的信号频谱资源，导航卫星运行情况如表 3.7 所示[16]。从表中可见，GPS、GLONASS 和 Galileo 的星座均由中轨道卫星（MEO）组成，而 BDS 创新性地使用了包含 GEO 卫星、倾斜地球同步轨道（Inclined Geo Synchronous Orbit，IGSO）卫星和（Medium Earth Orbit，MEO）卫星的混合异构星座。当前，北斗系统（包括 BDS-2 和 BDS-3）共有 45 颗在轨卫星，可为全球用户提供 PNT 服务。

表 3.7　导航卫星运行情况

导航卫星系统	轨道类型	卫星数量	信号
GPS	MEO	31	L1C/A、L2C、L5
GLONASS	MEO	22	L1C/A、L2C/A、L5
Galileo	MEO	24	E1、E5a、E5b、E5ab、E6
BDS	BDS-2 GEO	5	B1I、B2I、B3I
BDS	BDS-2 IGSO	7	B1I、B2I、B3I
BDS	BDS-2 MEO	3	B1I、B2I、B3I
BDS	BDS-3 GEO	3	B1I、B3I
BDS	BDS-3 IGSO	3	B1I、B3I、B1C、B2a、B2b
BDS	BDS-3 MEO	24	B1I、B3I、B1C、B2a、B2b
QZSS	GEO	1	L1C/A、L1C、L2C、L5
QZSS	IGSO	3	L1C/A、L1C、L2C、L5
IRNSS	GEO	3	L5、S
IRNSS	IGSO	5	L5、S

最近，利用北斗系统的短信报文功能，华为推出了支持双向北斗卫星消息

的手机，市场销售获得了巨大的成功。2023 年 12 月 21 日，国家广播电视总局在武汉大学设立"移动广播与信息服务国家广播电视总局实验室"的批复引起了学界的关注，批复要求"实验室围绕北斗卫星导航系统在广播电视领域深度融合应用，重点对北斗定位、短报文等在应急广播系统应用的关键技术、解决方案、标准规范等开展研究，助力构建高可靠的应急广播系统"。

3.6 射电天文业务

射电天文业务（Radio Astronomy Service）是涉及射电天文使用的一种业务。射电天文是基于接收源于宇宙无线电波的天文学。下面分别介绍射电天文望远镜 FAST 和引力波探测。

3.6.1 射电天文简介

从 1931 年卡尔·吉德·央斯基（Karl Guthe Jansky）发现一种来自银河系的无线电信号，到类星体、脉冲星、星际有机分子、宇宙微波背景辐射、引力波和黑洞等发现，射电天文的每次重要进步都毫无例外地成为天文学发展的里程碑。例如，宇宙微波背景辐射的发现（峰值频率 160.2 GHz，温度 3 K）很好地解释了宇宙早期发展所遗留下来的无线电辐射，被认为是一个检验宇宙大爆炸模型的里程碑，其发现者阿诺·彭齐亚斯（Arno Penzias）和罗伯特·威尔逊（Robert Wilson）共同获得了 1974 年诺贝尔物理学奖。约翰·克伦威尔·马瑟（John Cormwell Mather）和乔治·菲茨杰拉德·斯穆特（George Fitzgerald Smoot）因"发现宇宙微波背景辐射的黑体形式和各向异性"而共同获得 2006 年诺贝尔物理学奖，这个发现被认为是宇宙诞生于大爆炸的有力证据。宇宙微波背景辐射示意图如图 3.10 所示。

宇宙在创世大爆炸（Big Bang）10^{-43} s 后进入量子引力时代（Quantum Gravity Era），10^{-35} s 后宇宙加速膨胀（Inflation），380 000 年后产生宇宙微波背景（Cosmic Microwave Background），最后在引力波（Gravitational Wave）和光（Light）的作用下于 140 亿年后演化成了现在的宇宙。

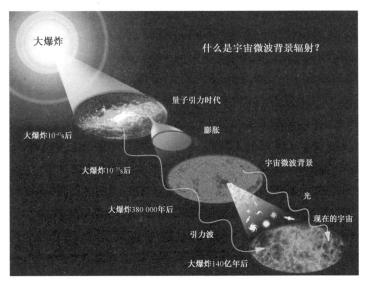

图 3.10　宇宙微波背景辐射示意图[17]

（本图彩色版本见本书彩插）

与宇宙微波背景辐射一样，科学家对引力波的探测同样两次获得诺贝尔物理学奖。第一次是拉塞尔·赫尔斯（Russell Hulse）和约瑟夫·泰勒（Joseph Taylor）通过观测脉冲双星的办法，间接证明引力波是存在的，两人也因此获得了 1993 年诺贝尔物理学奖；第二次是美国的两台引力波探测器 LIGO（激光干涉引力波观测台）设施直接探测到百赫兹频段的高频引力波，雷纳·韦斯（Rainer Weiss）、巴里·巴里什（Barry Barish）和基普·索恩（Kip Thorne）因此共同获得了 2017 年诺贝尔物理学奖。2020 年，罗杰·彭罗斯（Roger Penrose）、赖因哈德·根策尔（Reinhard Genzel）和安德烈娅·盖茨（Andrea Ghez）共同获得诺贝尔物理学奖，诺贝尔物理学奖一半授予罗杰·彭罗斯，"因为发现黑洞的形成是对广义相对论的有力预测"，另一半授予赖因哈德·根策尔和安德烈娅·盖茨"在银河系中心发现了一个超大质量的致密物体"。诺贝尔奖官网称，他们三人的开创性发现，为我们提供了迄今为止最令人信服的证据，证明银河系中心存在一个超大质量的黑洞。提到罗杰·彭罗斯的诺贝尔物理学奖，不得不提到斯蒂芬·霍金在科学上的贡献，斯蒂芬·霍金是第一个提出由广义相对论和量子力学联合解释宇宙论的人，他与罗杰·彭罗斯共同合作在广义相对论框架内提出彭罗斯—霍金奇性定理，并提出了关于黑洞会发放辐射的理论性预测（现称为霍金辐射）。

研究射电天文，不仅有利于加深人类对宇宙的理解，还有利于公众了解目前科学研究的局限性。当公众赞叹爱因斯坦的伟大时，斯蒂芬·霍金却说："当爱因斯坦说到上帝不掷骰子的时候，他错了。鉴于黑洞给予我们的暗示，上帝不仅掷骰子，而且往往将骰子掷到我们看不见的地方以迷惑我们。"当公众赞叹宇宙学家的想象力和成就时，他们却说宇宙学研究的是宇宙"大爆炸"产生后的演化历史及规律，宇宙学不试图回答宇宙的起点问题。事实上，封闭系统中"熵"总是增加的，但在星际尺度下，由于万有引力的作用，系统倾向于聚合的有序状态（熵减小）。地球生物是一个开放系统，它通过从环境摄取低熵物质（有序高分子）向环境中释放高熵物质（无序小分子）来维持自身处于低熵的有序状态；植物吸收太阳的能量，产生了低熵物质；哺乳动物单细胞受精卵发育生命的过程同样是熵增加的过程。《圣经》中记载上帝创造了天、地、人和万物。上帝在第一天创造了白天和黑夜，然后创造了水和万物，并且在最后一天，即第六天按照自己的模样创造了人。然而我们不禁要问：上帝又是怎么来的？这在《圣经》中是一个不可回答的问题。宇宙学同样不能回答宇宙的起点问题[18]！

小提示 4：宇宙微波背景辐射

宇宙微波背景辐射示意如图 3.8 所示，可见宇宙微波背景辐射和引力波是人类了解宇宙仅有的两种手段。因此，与它们有关的研究具有重要意义，例如，国际上有关宇宙微波背景辐射和引力波探测的研究，目前累计获得 4 项诺贝尔物理学奖。

小提示 5：熵

熵（Entropy）起初是一个描述热力学系统状态的函数，后发展为系统混乱程度的量度。在孤立系统内，任何变化都不可能导致熵的总值减少。熵被用来描述系统的混乱度，后来用概率分别表示为吉布斯（Gibbs）熵和香农（Shannon）熵。信息论中香农熵用来定义信息量 $Q = -\ln P$，这里 Q 的单位为比特（bit），ln 表示以 2 为底的对数，P 表示概率，例如，投掷一枚硬币，猜中正反面的概率为 0.5，信息量为 1 bit。

小提示 6：科学研究的局限性

在科学研究中，首先要提出前提条件，然后才能得出结论。如果前提条件不合理，得出的结论将没有价值甚至是错误的。例如，孤立系统内熵总是减少的，但开放系统中上述结论是错误的；宇宙学家了解创世大爆炸后的过程，但不能回答宇宙的起点问题；现有的无线电测向定位理论是在无线电波传播无障碍条件下得出的，有障碍时许多问题尚未解决。因此，科学研究必须了解学科边界，在此基础上解决问题才有可能实现突破与创新。

3.6.2　FAST

射电天文是"基于接收源于宇宙无线电波的天文学"。在射电天文研究中，中国的射电天文望远镜 FAST（Five-hundred-meter Aperture Spherical radio Telescope）是目前国际上最大、最灵敏的望远镜。其主要科学目标包括脉冲星观测、分子谱线观测、高分辨率微波巡视、寻找地外文明等。由计算可知，FAST至少可观测到距离地球 50 亿光年的脉冲星辐射的无线电波，观测范围可达宇宙边缘。射电天文望远镜的天线口径为 500 m，是我国目前最重要的大科学装置之一。FAST 比德国波恩 100 m 望远镜灵敏度提高约 10 倍，比美国阿雷西博望远镜综合性能提高约 10 倍。FAST 将在未来 20～30 年保持世界前沿地位，成为国际天文学术交流中心。FAST 的工作频段为 0.13～5 GHz，由于天线口径大，其增益大约是传统地面无线电监测站监测天线增益的 10 亿倍[19]。图 3.11 为 FAST 天线照片，该天线位于贵州省平塘县克度镇大窝凼洼地，依喀斯特洼地的地势而建，设计方法和馈电方式有别于传统的抛物面天线。

2023 年 11 月 22 日，由《财经》杂志、财经网、《财经智库》联合主办的"《财经》年会 2024：预测与战略"在北京举行。在"科技前沿：突破与应用"议题中，FAST 总工程师姜鹏发表了主题演讲，介绍了 FAST 工程取得的部分科学成果：2020 年 FAST 捕捉到了快速射电暴。这项成果成为 2022 年 Science 评选的十大科学突破和发现之一，证实了蜘蛛脉冲双星演化过程的一环，给出一个完整的证据链条，成果在 Nature 上发表。天文学家认为在恒星形成过程中，磁场在一定程度上会起到一定阻碍作用，以前所有的望远镜都做过测试没有得到结果，FAST 第一次测到了磁场强度；FAST 发现了尺度为 200 万光年的大型中性氢气体结构，这是星系形成经典演化理论解释不了的；FAST 探测到了纳赫兹引力波存在的证据。纳赫兹引力波是低频波段的引力波，相比于此前 LIGO 探测到的高频引力波有不同的产生机制，也携带着不同宇宙天体的信息。FAST 目前发现的脉冲星数量已经超过 840 颗，是同一时期国际上所有其他望远镜发现脉冲星总数的 3 倍以上，同时在 *Nature*、*Science* 发表论文已经超过 10 篇[20]。

图 3.11　FAST 天线照片

小提示 7：10 亿倍

FAST 天线增益大约是传统地面无线电监测站监测天线增益的 10 亿倍。这里读者千万不要认为传统地面无线电监测站的监测能力不行。事实上，天线有很多技术指标，天线增益和带宽等技术指标的选择取决于无线电业务的应用需求。例如，蓝牙属于短距离通信应用，采用内置小天线更合适，采用内置天线和触摸屏等设计理念的智能手机让用户爱不释手；地面无线电监测天线带宽是主要技术指标。

3.6.3　引力波探测

引力波源大体可分为两种，天体物理起源和宇宙学起源。对应不同的波源，对应的探测方式也不一样，引力波源及其探测方式如图 3.12 所示。天体物理中引力波源包括以下三类：一是中子星、恒星级黑洞等致密天体（质量为太阳质量的几十倍）组成的致密双星系统的合并过程，这类引力波的频率处于

10～1000 Hz 量级的高频段，相应的探测手段是地面激光干涉仪；二是大质量黑洞并合过程的后期、银河系内的白矮双星系统，频率为 10 μHz～1 Hz，这类引力波信号可通过空间卫星阵列构成的干涉仪来探测；三是超大质量黑洞（数百万到数亿个太阳质量）合并，频率为 1 nHz～1 μHz，探测手段是脉冲星计时，利用地面上的大型射电望远镜，监视校准后的若干毫秒脉冲星。除了天体物理起源，宇宙的早期剧烈的量子涨落会产生充满整个宇宙空间的宇宙学起源引力波，称为原初引力波。探测原初引力波最好的方式是宇宙微波背景辐射（Cosmic Microwave Background，CMB）的偏振（或极化）试验。与高频引力波试验不一样，CMB 的偏振试验探测的引力波频率范围处于 10^{-18}～10^{-15} Hz。CMB 充满了整个宇宙，并携带了大量的关于宇宙早期的信息，而 CMB 的大尺度 B 模式偏振是原初引力波的独特信号，即探测到 B 模式就证明原初引力波存在。我国西藏阿里天文台具有得天独厚的地理环境优势、观测气象条件与配套基础设施，是目前已知北半球最佳的 CMB 观测台址，观测窗口在 THZ 频段。

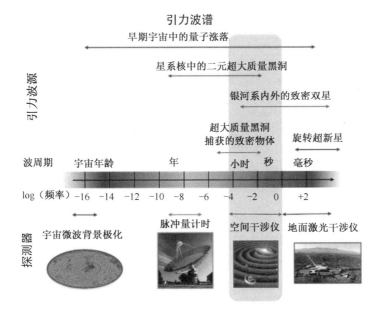

图 3.12 引力波源及相应的探测方式[17]

（本图彩色版本见本书彩插）

除了探测原初引力波，阿里实验计划的另一个重要科学目标是检验在基本物理中有基础性地位的 CPT 对称性。自 1956 年李政道、杨振宁与吴健雄等提出和证实宇称（P）破缺以来，人们发现在基本粒子物理中绝大部分的分立变换包括电荷共轭（C）、时间反演（T）和宇称及它们的组合，但都不是严格的对称性。唯一的例外是 CPT 联合不变性，因此寻找 CPT 破缺的信号也是寻找新物理的一个重要途径。阿里实验计划的两个科学目标是[17]：探测原初引力波、寻找 CPT 破缺信号。

> **小提示 8：引力波**
>
> 引力波是物质和能量的剧烈运动与变化所产生的一种物质波。引力波的存在是广义相对论洛伦兹不变性的结果，因为它引入了相互作用的传播速度有限的概念。相比之下，引力波不存在于牛顿的经典引力理论中，因为牛顿的经典理论假设物质的相互作用传播速度是无限的。引力波与常见的声波和电磁波不同，引力波的探测是目前科学研究的主要难点之一，关乎人类对宇宙起源的理解。

3.7 小结

无线电业务涉及范围广泛，与无线电频谱价值相关的无线经济已成为国民经济的支柱产业。无线电业务与经济社会发展和国家电磁空间安全密切相关，其中，射电天文业务是探索宇宙文明的最佳方式，关乎人类对宇宙起源的理解。因此，熟悉无线电业务及其应用，是理解电磁频谱分配、学习无线电管理知识的前提和基础。

参考文献

[1] 中华人民共和国工业和信息化部. 中华人民共和国无线电频率划分规定 [EB/OL]. （2018-04-19）[2024-06-17].

[2] 张平，陈岩，吴超楠. 6G：新一代移动通信技术发展态势及展望[J]. 中国工程科学，2023，25（6）：1-8.

[3] 王宝聪，张炎炎，李欣，等. 4400～4500MHz 频段 IMT 与航空无线电导航业务共存研究[J]. 移动通信，2019，43（2）：47-52.

[4] 海霞. 我国数字音频广播业务与航空无线电导航业务兼容测试[C]//中国新闻技术工作者联合会 2017 年学术年会论文集（优秀论文篇），2017：14.

[5]　王飞，于超鹏，熊伟. 面向机载综合监视系统的 ADS-B 技术综述[J]. 航空工程进展，2024，15（2）：142-151.

[6]　中国民用航空局. 中国民用航空 ADS-B 实施规划（2015 年第一次修订）[EB/OL]. 2015.

[7]　云南大学无线创新实验室. "黑广播"监测进入 AI 时代[J]. 中国无线电，2019，2：78-79.

[8]　中国卫通集团股份有限公司. 卫星资源[EB/OL]. （2023-02-23）[2024-06-17].

[9]　陈东，张千，秦兆涛，等. 面向手机直连的卫星移动通信系统架构与特性[J]. 天地一体化信息网络，2023，4（4）：11-18.

[10]　江澄. 我国卫星广播电视 20 年发展历程——纪念我国卫星广播电视开播 20 周年[J]. 广播与电视技术，2005（8），21-25.

[11]　国家广播电视总局. 2023 年 12 月直播卫星户户通开通用户数量统计图[EB/OL]. （2024-01-05）[2024-06-17].

[12]　张更新. 卫星互联网微波通信关键技术[M]. 北京：人民邮电出版社，2022.

[13]　蔡辉. 基于卫星跳波束技术的资源分配方法研究[D]. 中国航天科技集团公司第五研究院西安分院，2023.

[14]　云南大学无线创新实验室. 基于谱传感的民用航空无线电监测系统 CARM[J]. 中国无线电，2019，3：75-76.

[15]　黄铭，杨晶晶，莫松艳，等. 一种基于灯光遥感数据的监测站人口覆盖能力评估方法：CN202211571400.9[P]. 2022-12-08.

[16]　李星星，张伟，袁勇强，等.GNSS 卫星精密定轨综述：现状、挑战与机遇[J]. 测绘学报，2022，51（7）：1271-1293.

[17]　张新民，苏萌，李虹，等. 原初引力波与阿里探测计划[J]. 现代物理知识，2016（2）：7.

[18]　龚云贵. 宇宙学基本原理[M]. 2 版. 北京：科学出版社，2023.

[19]　陈德章，黄铭，杨晶晶. 无线电频谱价值研究[M]. 北京：科学出版社，2021.

[20]　财经网. 中国天眼（FAST）总工程师姜鹏：设备要发展，天文学还要继续向前[EB/OL]. （2023-11-23）[2024-06-17].

第 4 章

无线电监管体系

无线电信号在空中传播时容易受多径、干扰和噪声等的影响,对电磁环境和空间无线电信号进行监测是无线电管理的基础。因此,无线电监管要求监测技术和行政管理相统一。本章首先简要介绍国际规则与国际会议,然后介绍国内监管机构与法律法规和无线电监测技术设施,最后介绍无线电管理一体化平台的基本架构、重要作用和未来与发展。

4.1 国际规则与国际会议

4.1.1 ITU 机构设置与职责

ITU 是联合国负责信息通信技术(Information and Communications Technology,ICT)事务的专门机构。ITU 职能是划分全球无线电频谱和卫星轨道,制定全球认可的技术标准以实现人与设备的无缝连通,并努力增加全球服务欠缺社区的 ICT 获取。用户每次通过手机打电话、上网或发送电子邮件,都受益于 ICT 所开展的工作。ITU 的相关信息见其官网,ITU 官网主页如图 4.1 所示。ITU 的组织架构为总秘书处、无线电通信部门(ITU-R)、电信标准化部门(ITU-T)和电信发展部门(ITU-D)。总秘书处的任务是向 ITU 成员提供高质高效的服务,负责行政和财务管理,组织重要会议、提供大会服务、发布信息、确保安全并开展战略规划,行使以下机构职能:宣传、法律咨询、财务、人事、采购和内部审计等。

(1)ITU-R、ITU-T 和 ITU-D。

ITU-R 负责管理全球无线电频谱和卫星轨道资源,这在全球无线电通信系统中是至关重要的。该部门的主要职责包括频谱分配、卫星轨道位置协调和无线电通信标准化。

频谱分配:ITU-R 负责制定国际无线电规则和标准,确保无线电频谱的有效和公平使用,以避免不同国家或不同服务区之间的干扰。

卫星轨道位置协调：ITU-R 负责卫星轨道的分配和登记，确保全球卫星服务的稳定运行。

图 4.1　ITU 官网主页

无线电通信标准化：ITU-R 负责开发国际无线电通信标准，包括广播、卫星服务、移动通信、雷达和其他无线技术。

ITU-D 专注于通过信息和通信技术支持可持续发展。该部门的主要职责包括支持发展中国家、制定政策和监管框架、分享数据和资源。

支持发展中国家：ITU-D 提供技术支持和建设能力，帮助发展中国家和地区构建与改进其通信基础设施。

制定政策和监管框架：ITU-D 帮助成员国制定政策、法规和框架，以促进通信市场的公平竞争和发展。

分享数据和资源：ITU-D 收集和分享 ICT 数据，提供市场研究，以支持决策者和监管机构。

ITU-T 专门负责制定全球电信网络和服务的标准，这些标准化工作对于全球电信系统的互操作性、开放性和无缝连接至关重要。该部门的主要职责包括制定技术标准、促进共识、技术和政策指导。

制定技术标准：ITU-T 制定国际电信技术标准，这些标准包括宽带互联网、移动网络、下一代网络、云计算、物联网和网络安全等领域。

促进共识：ITU-T 为政府、私营部门和其他利益相关者提供一个平台，他们可以在该平台上就标准的制定达成共识。

技术和政策指导：ITU-T 负责提供技术指导和帮助成员国理解与实施这些标准。

ITU 的工作通常是通过全体大会、部门会议、工作组和研究小组来完成的，这些会议和组织聚集了来自世界各地的专家，共同协作解决全球 ICT 领域的挑战。通过这些部门的工作，ITU 在全球范围内推动了技术发展和国际合作，以确保通信技术的持续进步和普遍访问。

（2）无线电规则委员会。

无线电规则委员会（Radio Regulations Board，RRB）是 ITU 的一个重要机构，负责确保无线电规则的正确应用，并对无线电通信领域的国际管理问题做出决策。RRB 是 ITU-R 的一部分，与 ITU 总秘书处、无线电通信局一起工作，无线电通信局是 ITU 的执行机构，负责处理日常事务。

RRB 的主要职责包括监督和审查、解决干扰问题、卫星轨道位置、规则和程序、国际协调。

监督和审查：RRB 负责监督 ITU 成员国对国际无线电规则（Radio Regulations）的遵守情况，并对规则的实施进行审查。

解决干扰问题：RRB 负责处理成员国之间的无线电干扰案件，确保国际无线电频谱的合理、公平和有效使用。

卫星轨道位置：RRB 负责审查并批准卫星网络的频率分配和轨道位置安排，以及解决与卫星轨道位置相关的问题。

规则和程序：RRB 负责就无线电规则的解释和应用提供决策与建议，确保规则和程序的一致性。

国际协调：RRB 负责促进成员国之间的协调，以便在使用无线电频谱和卫星轨道资源时减少冲突。

RRB 由 ITU 成员国选举产生的专家组成，他们代表不同的地理区域，以确保全球代表性和平衡。RRB 成员通常具有无线电通信和频谱管理方面的广泛专业知识，可以独立地代表 ITU 成员国的利益。

RRB 定期举行会议，讨论无线电规则的应用和其他相关问题。会议通常是闭门进行的，但 RRB 的决策和会议记录会向公众发布，以保持透明度。RRB 的决策通常是基于共识或多数投票，目的是在全球范围内促进无线电通信的和谐运行和发展。这个委员会扮演着全球无线电频谱管理中的关键角色，特别是在解决跨国界的技术和监管问题时。

RRB 与无线电通信大会（World Radiocommunication Conference，WRC）有密切的联系。WRC 是 ITU 的一个高级别会议，通常 3～4 年举行一次，它负责审议和更新国际无线电规则。RRB 则在 WRC 会议上监督这些规则的实施，并处理任何相关的管理和监管问题。

总之，RRB 通过确保无线电通信规则的有效性和实施一致性，为全球无线电频谱的和平共处和有效使用提供了重要保障。

小提示 1：无线电规则委员会（RRB）

2022 年 10 月 3 日，ITU 2022 年全权代表大会选举理事国和 RRB 委员，中国成功连任理事国，中国候选人、国家无线电监测中心主任程建军成功当选 RRB 委员。ITU 理事会由 48 个理事国组成，负责在两次全权代表大会之间履行管理机构职责。RRB 由 12 名专家组成，负责解释无线电规则、补充完善规则程序，并协调解决成员国之间无线电频率干扰等问题。

4.1.2 ITU 规则体系与管理制度

（1）ITU 法律框架。

ITU 不仅提供了电信技术和服务的全球标准化，而且还在确保国际电信网络和服务的有效运行与发展中扮演着中心角色。ITU 的法律框架是国际电信协作的基石，它不仅确保了全球电信网络的稳定运行，还支持技术创新和市场的可持续发展。通过不断更新其法律文档，ITU 能够适应快速变化的技术环境，同时满足其成员国的需求。ITU 法律框架主要包括《国际电信联盟组织法》《国际电信联盟公约》《无线电规则》、行政法规、决议和决定、最终行动文件和推荐标准等关键文件。

《国际电信联盟组织法》和《国际电信联盟公约》：ITU 的《国际电信联盟组织法》和《国际电信联盟公约》是该组织的基础法律文件，它们定义了 ITU 的目的、原则和组织结构。这些文件确立了 ITU 的角色、成员国的权利和义务、基本机构的设置及 ITU 的工作方式。《国际电信联盟组织法》和《国际电信联盟公约》是所有成员国在加入 ITU 时都必须批准的国际条约。

《无线电规则》：《无线电规则》是国际无线电通信领域中最重要的法律文档之一，它包含了无线电频谱分配、无线电服务和卫星轨道利用的详细规定。规则对全球无线电频谱和卫星轨道的使用进行了标准化，以确保全球各地的无线电服务能够无干扰地运作。《无线电规则》是在 WRC 上审议并更新的。

行政法规：行政法规是一组补充 ITU 宪章和公约的规则和程序，负责指导 ITU 的日常运作。行政法规涵盖了 ITU 的财务规则、人事政策、会议程序等方面。

决议和决定：ITU 的决议和决定是在各种会议上通过的，它们反映了成员国对于特定电信问题的共同立场和意愿。这些文档通常针对组织未来的行动方向、技术发展，以及如何应对新兴的电信挑战。

最终行动文件：在 ITU 的会议（如 WRC）上，通过的最终行动文件包括了会议的所有成果。这些文件一旦获得足够多成员国的批准，就会对所有成员国具有约束力。

推荐标准：ITU 的三个部门（ITU-R、ITU-T、ITU-D）都会制定推荐标准，这些标准虽然不具有强制性，但在全球范围内被广泛接受和应用，对保证国际电信服务的互操作性和统一性至关重要。ITU-R 涉及无线电通信系统的标准和操作指南；ITU-T 涉及有线电信和数据传输技术的标准；ITU-D 涉及电信发展，包括提高发展中国家的电信基础设施和服务水平的指南和建议。

ITU 的法律框架促进了国家间的合作与协调，以便在以下方面取得共识。一是无线电频谱管理：协调全球频谱使用，减少跨境干扰。二是卫星轨道资源：合理分配和使用地球同步轨道资源。三是国际标准制定：制定国际电信标准，促进全球电信设备和服务的互操作性。四是技术援助和建议：向发展中国家提供技术援助和建议，支持其电信发展。

（2）频率和卫星轨道的"先到先得"。

ITU 在处理频率和卫星轨道资源时，原则上遵循"先到先得"（First-Come, First-Served，FCFS）的原则，但实际操作比这个原则要复杂得多。这一原则意味着第一个提交有效申请使用特定无线电频率或卫星轨道位置的国家通常会获得使用权。然而，这种做法需要在全球范围内进行协调，以避免干扰和优化资源的利用。

"先到先得"原则的限制和条件：ITU 在实施"先到先得"原则时，确保了以下几点。

全球协调：所有国家都必须遵循 ITU 制定的规则，以确保频率分配的有效协调，并防止相互干扰。

有效使用：ITU 倾向于支持那些能够证明可以有效利用频率和轨道位置的申请者。这是为了避免资源被滥用或长时间闲置。

等待期：提交申请后，通常有一个等待期，在此期间，其他国家可以提出异议或与申请国协商，以解决可能的干扰问题。

技术准备：申请国必须展示其拥有实施计划的技术能力和准备，包括能够在规定的时间内启动和运行其卫星系统。

国际义务：申请国必须符合国际义务，包括保护其他国家的已有服务免受不必要的干扰。

例外和特殊情况包括卫星轨道资源、紧急和人道主义用途。

卫星轨道资源：对于地球静止轨道 GEO 这种有限资源，ITU 尝试保证所有国家，尤其是发展中国家，都有公平的机会获取使用权。这可能意味着需要对"先到先得"原则进行某些调整。

紧急和人道主义用途：在紧急情况下，如自然灾害或人道主义危机，ITU 可能会提供临时频率分配，以支持救援和恢复工作。

"先到先得"原则有时也受到批评，因为它可能导致某些国家或企业"占位"，而实际上并不立即使用或有效利用分配的频率或轨道资源。这种情况可能会阻碍其他有实际需求和可行计划的国家或组织的进入。为了解决这些问题，ITU 持续审视其政策和程序，寻求改善全球频率和轨道资源的管理方式，以促进其公平、合理且有效的使用。

小提示 2：《无线电规则》

《无线电规则》是对《国际电信联盟组织法》和《国际电信联盟公约》的补充，《无线电规则》（2020 年版）共 4 本，包括条款（442 页）、附录（782 页）、决议和建议（706 页）、引证归并的 ITU-R 建议书（532 页），感兴趣的读者可从 ITU 网站下载。

4.1.3　国际会议

（1）世界无线电通信大会。

世界无线电通信大会 WRC 是 ITU 主办的一个非常重要的会议，通常每三到四年举行一次。这个会议负责审议和决定无线电频谱和卫星轨道使用的国际规则，这些规则被记录在《无线电规则》中。这是一部具有全球约束力的国际条约。

WRC 的目标和职责包括审议提案、更新规则、分配频谱、协调利用和预防干扰。

审议提案：WRC 负责审议各成员国和区域组织提交的提案，这些提案通常涉及频率分配、服务定义、技术标准和操作规则等方面。

更新规则：根据技术进步和变化的需求，WRC 更新《无线电规则》以反映最新的全球无线电通信发展趋势。

分配频谱：WRC 负责分配无线电频谱给不同的无线电通信服务，例如，广播、移动、卫星、科研、气象和其他服务。

协调利用：通过国际协商，WRC 寻求平衡各方对无线电频谱资源的需求，以促进其公平和有效的利用。

预防干扰：WRC 制定规则来预防不同无线电服务之间的相互干扰，以及保护特定服务免受不必要的干扰。

WRC 的参与者包括成员国代表、行业参与者和国际组织。

成员国代表：ITU 的所有成员国代表都有权参加 WRC，代表国家的利益和需求。

行业参与者：虽然 WRC 参与者主要是成员国代表，但行业参与者和其他利益相关者（如国际卫星组织和电信运营商）也会参与讨论和影响决策。

国际组织：其他国际和区域组织也可能参与 WRC，以提供专业知识和支持全球协调。

WRC 对全球无线电通信领域的影响深远，因为它的决定直接关系到无线电频谱资源的使用和管理，这些资源对于许多关键服务和应用至关重要。随着技术的发展和无线通信需求的增长，WRC 的角色变得越来越重要，特别是在协调跨国边界的频谱使用和促进全球无线电通信服务连续性方面。

（2）无线电通信全会。

无线电通信全会（Radiocommunication Assembly，RA）是 ITU-R 的重要会议。它通常与世界无线电通信大会 WRC 配套举行，通常在 WRC 开幕前的一周内召开。

RA 的目标和职责包括审议和采纳、技术研究、指导方针、国际标准和协调一致。

审议和采纳：RA 负责审议和采纳 ITU-R 的工作程序和议程，确保其与全球无线电通信行业的发展保持一致。

技术研究：RA 负责审议 ITU-R 研究组的技术研究和报告成果，并制订未来的工作计划和优先事项。

指导方针：RA 负责制定指导 ITU-R 工作的方针，并对 ITU-R 的组织和管理提出建议，以提高效率和效果。

国际标准：RA 负责批准 ITU-R 推荐书，这些推荐书是国际无线电通信标准，为成员国和行业提供指导。

协调一致：RA 确保 ITU-R 的活动与其他 ITU 部门，如 ITU-T 和 ITU-D，以及其他国际组织的活动保持协调一致。

RA 的参与者包括成员国代表、行业和组织、观察员。

成员国代表：ITU 的所有成员国代表都可以参加 RA，代表各自国家的利益。

行业和组织：虽然 RA 参与者主要是成员国代表，但无线电通信领域的行业参与者、科学界、学术机构和其他利益相关者也参与到 RA 的活动中。

观察员：其他国际组织和非政府组织作为观察员参加会议，提供专业知识和见解。

RA 是全球无线电通信领域的关键事件之一，它为成员国、行业和其他利益相关者提供了一个平台，共同讨论和决定全球无线电通信的未来。RA 的决策对于无线电频谱的高效管理和利用、技术创新以及全球通信服务的发展都具有重要意义。

> **小提示 3：ITU-R 研究组**
>
> ITU-R 研究组从事频谱管理、无线电波传播、卫星业务、地面业务、广播业务和科学业务研究，其中 ITU-R 无线电通信研究组（2020 年）宣传册内容丰富，宣传册中提供了许多手册、建议书和报告的下载地址，感兴趣的读者可从 ITU 网站下载。

4.2 国内监管机构与法律法规

4.2.1 国家无线电监管机构

我国无线电管理工作在国务院、中央军事委员会的统一领导下实行"分工管理、分级负责，贯彻科学管理、保护资源、保障安全、促进发展"的方针。国家无线电监管机构负责除军事系统以外的无线电管理工作，中国人民解放军电磁频谱管理机构负责军事系统的无线电管理工作。

目前，我国无线电监管机构设置主要包括国家无线电管理机构；省、自治区、直辖市无线电管理机构；国务院有关部门的无线电管理机构，以及相应无线电管理技术机构。工业和信息化部作为我国无线电管理行政主管部门，下设无线电管理局（国家无线电办公室）为国家无线电管理机构，国家无线电监测中心为国家无线电管理技术机构。省、自治区、直辖市无线电管理机构大多设在工业和信息化厅等相关部门，我国无线电管理组织架构如图 4.2 所示。

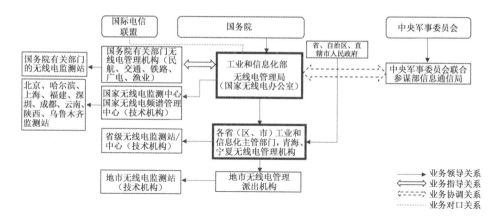

图 4.2 我国无线电管理组织架构

根据《中华人民共和国无线电管理条例》相关规定，各级（类）无线电监管机构具体职责如下。

国家无线电管理机构负责全国无线电管理工作，依据职责拟定无线电管理的方针、政策，统一管理无线电频率和无线电台（站），负责无线电监测、干扰查处和涉外无线电管理等工作，协调处理无线电管理相关事宜。

中国人民解放军电磁频谱管理机构负责军事系统的无线电管理工作，参与拟定国家有关无线电管理的方针、政策。

省、自治区、直辖市无线电管理机构在国家无线电管理机构和省、自治区、直辖市人民政府领导下，负责本行政区域除军事系统外的无线电管理工作，根据审批权限实施无线电频率使用许可，审查无线电台（站）的建设布局和台址，核发无线电台执照及无线电台识别码，负责本行政区域无线电监测和干扰查处，协调处理本行政区域无线电管理相关事宜。

省、自治区无线电管理机构根据工作需要可以在本行政区域内设立派出机构。派出机构在省、自治区无线电管理机构的授权范围内履行职责。

军地建立无线电管理协调机制，共同划分无线电频率，协商处理涉及军事系统与非军事系统间的无线电管理事宜。无线电管理重大问题报国务院、中央军事委员会决定。

国务院有关部门的无线电管理机构在国家无线电管理机构的业务指导下，负责本系统（行业）的无线电管理工作，贯彻执行国家无线电管理的方针、政策和法律、行政法规、规章，依照《中华人民共和国无线电管理条例》规定和国务院规定的部门职权，管理国家无线电管理机构分配给本系统（行业）使用的航空、水上无线电专用频率，规划本系统（行业）无线电台（站）的建设布局和台址，核发制式无线电台（站）执照及无线电台识别码。

国家无线电监测中心和省、自治区、直辖市无线电监测站作为无线电管理技术机构，分别在国家无线电管理机构和省、自治区、直辖市无线电管理机构领导下，对无线电信号实施监测，查找无线电干扰源和未经许可设置、使用的无线电台（站）。

国务院有关部门的无线电监测站负责对本系统（行业）的无线电信号实施监测。

4.2.2　国家无线电管理法律法规

我国涉及无线电管理的法律法规包括《中华人民共和国民法典》《中华人民共和国无线电管理条例》《中华人民共和国无线电管制规定》《中华人民共和国无线电频率划分规定》和《无线电发射设备管理规定》等，这些法律法规可从政府网站下载，例如工业和信息化部无线电管理局（国家无线电办公室）网站。

《中华人民共和国民法典》第二百五十二条规定："无线电频谱资源属于国家所有。"国家对无线电频谱资源实行统一规划、合理开发、有偿使用的原则。目前，我国无线电管理法制体系由《中华人民共和国无线电管理条例》、国家行政法规和各地方性行政法规，以及部门管理规章和规范性文件等组成。

《中华人民共和国无线电管理条例》（以下简称《条例》）是我国无线电管理的基本法规和依据。《条例》于 2016 年 11 月 11 日由中华人民共和国国务院、中华人民共和国中央军事委员会令第 672 号修订，自 2016 年 12 月 1 日起施行。《条例》共分为九章八十五条，涵盖了无线电管理总则、无线电管理机构及其职责、频率管理、无线电台（站）管理、无线电发射设备管理、涉外无线电管理、无线电监测和电波秩序维护、法律责任以及附则等内容。

《中华人民共和国无线电管制规定》（以下简称《管制规定》）是为了保障无线电管制的有效实施，维护国家安全和社会公共利益而制定的。2010 年 8 月 31 日由中华人民共和国国务院、中华人民共和国中央军事委员会第 579 号令发布，自 2010 年 11 月 1 日起施行。无线电管制，是指在特定时间和特定区域内，依法采取限制或者禁止无线电台（站）、无线电发射设备和辐射无线电波的非无线电设备的使用，以及对特定的无线电频率实施技术阻断等措施，对无线电波的发射、辐射和传播实施的强制性管理。《管制规定》明确指出根据维护国家安全、保障国家重大任务、处置重大突发事件等需要，国家可以实施无线电管制。

《中华人民共和国无线电频率划分规定》（以下简称《频率划分规定》）旨在

充分、合理、有效地利用无线电频谱资源，保证无线电业务的正常运行，防止各种无线电业务、无线电台（站）和系统之间的相互干扰。《频率划分规定》于 2017 年 12 月 15 日由工业和信息化部第 34 次部务会议审议通过，自 2018 年 7 月 1 日起施行。《频率划分规定》分为无线电管理术语与定义、电台的技术特性、无线电频率划分规定以及附录等内容。

《无线电发射设备管理规定》（以下简称《设备管理规定》）旨在从源头上防止和减少有害无线电干扰，保障国家电磁空间安全。2022 年 11 月 28 日由工业和信息化部第 8 次部务会议审议通过，自 2023 年 7 月 1 日起施行。《设备管理规定》明确生产或者进口在国内销售、使用除微功率短距离无线电发射设备以外的无线电发射设备，应当向国家无线电管理机构申请无线电发射设备型号核准。

无线电频谱资源是构建全球信息技术、科技创新和经济发展竞争新优势的关键战略资源，是支撑国民经济、社会发展和国防建设的基础性、稀缺性资源。制定《无线电频谱资源法》，确立无线电频谱资源的战略地位，是确保合理开发、高效利用无线电频谱资源的现实需要，也是保障电磁空间安全、维护国家权益、参与国际规则制定的迫切需要。目前，《无线电频谱资源法》已正式列入十四届全国人大常委会立法规划，这是我国无线电管理法治化建设迈出的重要一步。

> **小提示 4：工业和信息化部无线电管理局**
>
> 　　工业和信息化部无线电管理局是我国管理无线电频谱的行政部门，其职能类似于 ITU-R，是无线电管理人员了解政策法规、公告公示、工作动态、地方简讯、科普知识、标准规范和国际电信联盟 P 系列建议书等的重要窗口，具有专业性和权威性。

4.3　无线电监测技术设施

4.3.1　监测设施与指标

无线电监测设施，是指用于对无线电信号进行搜索、测量、分析、识别，对无线电信号发射源进行测向和定位，以获取其技术参数、功能、位置和用途的技术设施。无线电监测设施分为地面监测网络、卫星和短波监测网络。

地面监测网络的规划、建设和使用等工作，须按照《省级无线电监测设施建设规范和技术要求》开展。省级无线电监测设施包括固定监测站、移动监测站、可搬移监测站、传感器、便携式监测设备、空中监测站，专用监测系统，省级监测指挥中心、地市监测指挥中心，以及与监测设施配套的信息系统等。以固定监测站为例，固定监测站主要功能如表 4.1 所示，固定监测站主要性能指标如表 4.2 所示。由表 4.1 可见，不同类别监测站的主要差别是功能要求不同，例如，四类固定监测站没有测向功能和图像信号监测功能等。由表 4.2 可见，固定监测站主要性能指标要求非常复杂，即便是通信工程专业背景工作人员要完整理解这些指标及其与无线电管理的关联也是困难的。本书作者认为，无线电监测实施指标体系涉及无线电管理的方方面面，应该增加一些补充说明，以便向初学者和相关从业人员提供学习参考资料，这有利于进一步提升无线电管理水平。例如，本书 6.5.4 节为用户提供了无线电监测覆盖预测 Web 服务，便于读者理解固定监测站类别与监测环境的关系。

表 4.1　固定监测站主要功能

类别	主要功能	类别	主要功能
一类固定监测站	1.基本监测功能：频率测量、电平测量、场强和功率通量密度测量、占用带宽测量、调制测量、脉冲测量、频率使用率测量、信号分析和发射机类别识别等	二类固定监测站	1.基本监测功能：频率测量、电平测量、场强和功率通量密度测量、占用带宽测量、调制测量、脉冲测量、频率使用率测量、信号分析和发射机类别识别等
	2.电磁环境测量		2.电磁环境测量
	3.广播电视声音及图像信号监测，支持对关键字的识别和告警等		3.广播电视声音及图像信号监测，支持对关键字的识别和告警等（可选）
	4.无线电测向及测向数据回放，能够储存过去不少于 24 小时内的测向数据		4.无线电测向及测向数据回放，能够储存过去不少于 24 小时内的测向数据
	5.监测和测向实时并行		5.监测和测向实时并行（可选）
	6.TDOA 数据采集功能		6.TDOA 数据采集功能（可选）
	7.监测数据存储和处理		7.监测数据存储和处理
	8.系统遥控和联网		8.系统遥控和联网
	9.系统自检		9.系统自检
三类固定监测站	1.基本监测功能：频率测量、电平测量、场强和功率通量密度测量、占用带宽测量、频率使用率测量等	四类固定监测站	1.基本监测功能：频率测量、电平测量、场强和功率通量密度测量、占用带宽测量、频率使用率测量等
	2.电磁环境测量		2.电磁环境测量
	3.广播电视声音及图像信号监测（可选）		3.声音广播信号测量
	4.无线电测向		4.TDOA 数据采集功能（可选）
	5.TDOA 数据采集功能（可选）		5.监测数据存储和处理
	6.监测数据存储和处理		6.系统遥控和联网
	7.系统遥控和联网		7.系统自检
	8.系统自检		—

表 4.2　固定监测站主要性能指标

指标名称	指标要求			
	一类固定监测站	二类固定监测站	三类固定监测站	四类固定监测站
监测频率范围	30～6 000 MHz（可选配至 8 000 MHz）	30～6 000 MHz（可选配至 8 000 MHz）	30～6 000 MHz	30～6 000MHz
测向频率范围	垂直极化 30～6 000 MHz（可选配至 8 000 MHz）；水平极化 40～1 300 MHz	垂直极化 30～6 000 MHz（可选配至 8 000 MHz）；水平极化 40～1 300 MHz	垂直极化 30～6 000 MHz；水平极化 40～1 300 MHz	—
频率测精度	$\leqslant \pm 1\times 10^{-7}$	$\leqslant \pm 3\times 10^{-7}$	$\leqslant \pm 3\times 10^{-7}$	$\leqslant \pm 1\times 10^{-6}$
相位噪声	$\leqslant -120$ dBc/Hz	$\leqslant -110$ dBc/Hz	$\leqslant -100$ dBc/Hz	$\leqslant -90$ dBc/Hz
实时中频带宽	$\geqslant 80$ MHz	$\geqslant 40$ MHz	$\geqslant 20$ MHz	$\geqslant 20$ MHz
噪声系数	$\leqslant 12$ dB（30～3 000 MHz）$\leqslant 15$ dB（3～6 GHz/8 GHz）	$\leqslant 15$ dB（30～3 000 MHz）$\leqslant 20$ dB（3～6 GHz/8 GHz）	$\leqslant 20$dB	$\leqslant 20$dB
监测灵敏度（单位 dBµV/m）	$\leqslant 10$（30～3 000 MHz）；$\leqslant 15$（3～6 GHz/8 GHz）	$\leqslant 10$（30～3 000 MHz）；$\leqslant 15$（3～6 GHz/8 GHz）	$\leqslant 15$（30～3 000 MHz）；$\leqslant 20$（3～6 GHz）	与三类固定监测站相同
测向灵敏度（单位 dBµV/m）	$\leqslant 15$（30～3 000 MHz）；$\leqslant 20$（3～6 GHz/8 GHz）	$\leqslant 20$（30～3 000 MHz）；$\leqslant 25$（3～6 GHz/8 GHz）	$\leqslant 25$（30～3 000 MHz）；$\leqslant 30$（3～6 GHz）	—
测向精度（无反射环境）	$\leqslant 1°$（30～3 000 MHz）；$\leqslant 1.5°$（3～6 GHz/8 GHz）	$\leqslant 1.5°$（30～3 000 MHz）；$\leqslant 2°$（3～6 GHz/8 GHz）	$\leqslant 2°$（30～3 000 MHz）；$\leqslant 3°$（3～6 GHz）	—
测向时效	$\leqslant 1$ ms（30～6 000 MHz）	$\leqslant 2$ ms（30～6 000 MHz）	$\leqslant 5$ ms（30～6 000 MHz）	—
同频信号分离	$\geqslant 5$（非相干信号）	$\geqslant 3$（非相干信号）	—	—
最小同频信号分辨	$\leqslant 20°$（非相干信号）	$\leqslant 20°$（非相干信号）	—	—
扫描速度	$\geqslant 100$GHz/s	$\geqslant 50$GHz/s	$\geqslant 20$GHz/s	$\geqslant 10$GHz/s
二阶截断点	$\geqslant 60$dBm	$\geqslant 50$dBm	$\geqslant 40$dBm	$\geqslant 30$dBm
三阶截断点	$\geqslant 20$dBm	$\geqslant 10$dBm	$\geqslant 0$dBm	$\geqslant 0$dBm
中频/镜像抑制	$\geqslant 90$dB	$\geqslant 90$dB	$\geqslant 90$dB	$\geqslant 90$dB
场强测量精度	± 3dB	± 3dB	± 4dB	± 4dB
接收机阻塞	$\geqslant 90$dB			
电压驻波比	$\leqslant 2.5$（典型值，天馈系统）			
实时测量带宽	$\geqslant 80$MHz	$\geqslant 40$MHz	$\geqslant 20$MHz	—
TDOA 定位精度	$\leqslant 200$ 米（三站组网）			
IQ 数据带宽	$\geqslant 80$MHz	$\geqslant 40$MHz	$\geqslant 20$MHz	$\geqslant 20$MHz
调制测量能力	AM、FM、CW、ASK、PSK、DPSK、QAM、FSK、MSK	AM、FM、CW、ASK、PSK、DPSK、QAM、FSK、MSK	—	—

备注：表中频率测量精度是在 0～45℃温度范围；相位噪声测试条件 fc=1 GHz，@10 kHz；测向精度条件是无反射环境，单位为 R.M.S；测向是单次突发信号；同频信号分离要求在 $D/\lambda>1$ 条件下一类固定监测站个数大于 5（30～6 000 MHz），二类固定监测站个数大于 3（可选，30～6 000 MHz）；最小同频信号分辨要求在 $D/\lambda>1$ 条件下一类和二类固定监测站（30～6 000 MHz）的分辨角度；扫描速度条件为 25 kHz 步进；二阶和三阶截断点测量条件是低失真模式；场强处理精度单位为 R.M.S。

同样，卫星和短波监测网络也有类似的监测实施指标体系，由于本书篇幅有限，这里不展开讨论，感兴趣的读者可参阅相关文献。云南大学无线电监测站室外天线如图4.3所示，图中圆盘状天线为宽带天线,性能类似于预警机天线。

> **小提示5：无线电监测实施指标体系**
>
> 无线电监测设施指标体系非常复杂。值得注意的是，涉及无线电测向精度时，指标要求明确指出是针对无反射环境的测向精度。也就是说，在实际环境下（有反射）的测向精度没有明确要求。同样，如果可以实现三站组网，指标要求 TDOA（Time Difference Of Arrival）定位精度小于 200m，但满足三站组网的条件是什么？省级无线电监测设施建设规范和技术要求并没有明确给出三站组网条件。这从一个侧面反映了无线电管理的复杂性。

图 4.3　云南大学无线电监测站室外天线

（本图彩色版本见本书彩插）

4.3.2　地面监测网络

将监测设施联网即可构成监测网络。省级无线电监测设施建设规范和技术要求监测设施应按照《省级无线电监测设施建设规范和技术要求（试行）》实现无线电监测设施联网，统一接入省级无线电监测指挥中心监测控制系统，形成省级无线电监测网，实现由省级无线电监测指挥中心直接控制和调度。国家超短波监测网调度中心通过区域超短波监测网调度中心，实现对各省超短波监测设备和数据的调用。

地面监测网络的数据传输速率及存储能力的具体要求如下。

（1）区域调度中心与国家调度中心通过运营商多业务传送平台（Multi-Service Transport Platform，MSTP）专线互联，机房核心网络设备接入应为光纤，数据传输速率不低于 100 Mbps，丢包率<0.1%。区域调度中心与国家调度中心应分别按照相关标准规范建设监测管理数据库和监测原始数据库。

（2）省级指挥中心与区域调度中心通过运营商 MSTP 专线互联，机房核心网络设备接入应为光纤，数据传输速率不低于 50 Mbps，丢包率<0.1%。省级指挥中心应根据需要，按照相关标准规范建设监测管理数据库和监测原始数据库。

（3）省内各控制中心与省级指挥中心通过运营商 MSTP 专线互联，机房核心网络设备接入应为光纤，数据传输速率不低于 50 Mbps，丢包率<0.1%。控制中心应具备符合工作需要的监测数据存储能力，并将监测数据统一提交省级指挥中心数据库。

（4）固定监测站与无线电监测指挥/控制中心通过运营商 MSTP 专线互联，机房核心网络设备接入应为光纤，数据传输速率不低于 30 Mbps，丢包率<0.1%。除传感器类固定站外，其他类别固定站应具备至少 10 TB、7 天左右监测数据的本地存储能力。

（5）移动监测站与无线电监测指挥/控制中心通过地面公众/专用移动通信网络或卫星通信网络等方式互联，采用地面移动通信网络时，数据传输速率不低于 20 Mbps，丢包率<0.1%。移动站可采用移动存储媒介提高数据存储能力，至少具备 1TB 的存储能力。

（6）可搬移监测站与无线电监测指挥/控制中心通过运营商 MSTP 专线、公众/专用移动通信网络或卫星通信网络等方式互联，采用运营商 MSTP 专线时，机房核心网络设备接入应为光纤，数据传输速率不低于 30 Mbps，丢包率<0.1%。采用地面移动通信网络时，数据传输速率应不低于 20 Mbps。可搬移站应至少具备 10 TB、7 天左右监测数据的本地存储能力。

（7）传感器与无线电监测指挥/控制中心通过运营商 APN 无线数据专网或自组网等方式互联。采用运营商 APN 无线数据专网通信时，数据传输速率不低于 20 Mbps。传感器可采用移动存储媒介提高数据存储能力，至少具备 8 GB、1 年左右监测数据的本地存储能力。

（8）便携式监测设备和空中监测站与无线电监测指挥/控制中心通过公众/专用移动通信网络等方式互联，数据传输速率不低于 20 Mbps。便携式设备和空中监测站可采用移动存储媒介提高数据存储能力，至少具备 10 GB 的存储能力。

4.3.3 卫星和短波监测网络

我国卫星和短波监测网络由 9 个国家级监测站的卫星和短波监测设施组成，监测站通过专线接入国家无线电监测中心，通过无线电管理一体化平台实现数据的互联互通、存储、交换和共享。卫星和短波监测网络示意图如图 4.4 所示，卫星监测网络主要由北京监测站、深圳监测站和乌鲁木齐监测站的监测设施组成，短波监测网络由北京监测站、哈尔滨监测站、上海监测站、福建监测站、深圳监测站、成都监测站、云南监测站、陕西监测站和乌鲁木齐监测站的监测设施组成，具有监测、联合测向定位等功能。

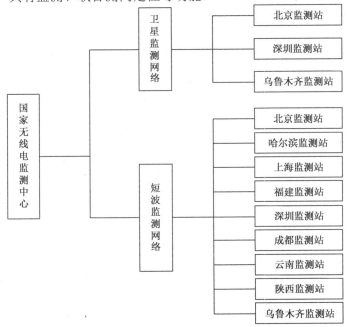

图 4.4 卫星和短波监测网络示意图

卫星监测网络包括静止轨道卫星监测系统、非静止轨道卫星监测系统和干扰源定位系统。静止轨道卫星监测系统涵盖 VHF、UHF、L、S、C、X、Ku 和 Ka 等频段，能够对东经 10°～180° 可视弧范围内的静止轨道卫星进行自动化监测。非静止轨道卫星监测系统具备对低轨卫星及星座过境情况预测、跟踪和下行信号测量能力。干扰源定位系统采用双星定位技术，通过测量受扰卫星和相邻卫星转发的两路信号的时间差（TDOA）和频率差（FDOA），确定干扰源的空间位置，定位精度 5～20km[1]。卫星监测网络目前主要以地面监测设施为主，空基（无人机、气球等）和天基（卫星）无线电监测是近年来发展的主要方向。卫星监测天线如图 4.5 所示；双星定位原理示意图如图 4.6 所示。

短波监测网络能够对国内短波信号实现全面覆盖，对 5000 km 以内的国内外短波信号实现有效覆盖。监测天线包括对数周期天线、角笼天线、三线天线和多模多馈天线等，驻波比小于 2.5，典型增益达 10 dB（对数周期天线），总体性能优异，可同时接收不同方向、不同距离的短波信号，短波监测天线如图 4.7 所示。监测接收机是数字接收机，具有固定频率监测模式（FFM）和全景扫描监测模式（PSCAN），支持多种协调方式，扫描速度可达 60 GHz/s（EB510 接收机，PSCAN 模式），监测灵敏度≤-110 dBm（FFM 模式，RBW 为 1 kHz），具有良好的二阶截点（≥50 dBm）和三阶截点（≥20 dBm），在确保发现小信号的同时具有很好的抗干扰特性。短波测向定位系统由多元天线阵和多通道测向机组成，采用相关干涉仪测向体制，测向灵敏度优于 1 uv/m，测向准确度小于 2°（均方根误差）。

图 4.5　卫星监测天线

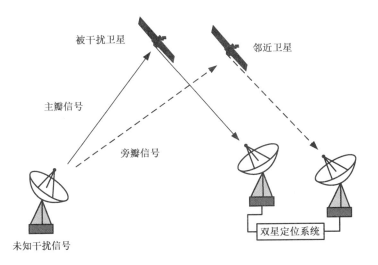

图 4.6　双星定位原理示意图

图 4.7　短波监测天线

（本图彩色版本见本书彩插）

> **小提示 6：典型增益达 10 dB**
>
> 　　短波监测天线典型增益为 10 dB，与普通收音机天线增益 1 dB 左右比较，短波监测天线的性能提升了 9 dB，再加上国家短波监测站地理位置通常远离城市，电磁环境好，因此国家短波监测站的监测覆盖范围是普通收音机的 8 倍以上，可对 5000 km 以内的国内外短波信号进行有效覆盖。

4.4　无线电管理一体化平台

　　无线电管理一体化平台是指用于实现各类无线电应用系统灵活互联、信息快速共享、人员更好协作的基础技术平台，由门户平台、应用安全平台、应用集成平台、地理信息平台、数据交换平台、数据加工平台、数据管理平台和数据分析平台等组成。本书根据无线电管理一体化平台体系架构及应用规范[2]和相关文献介绍一体化平台的体系架构设计、一体化平台的重要作用和一体化平台的未来与发展。

4.4.1　无线电管理一体化平台的体系架构设计

无线电管理一体化平台的体系架构设计包括总体架构、功能架构设计、数据架构设计和技术架构设计。

（1）总体架构。

无线电管理一体化平台的建设思路是通过"应用+平台"的指导思想来规划总体架构，将业务逻辑与应用支撑进行分离，应用支撑由企业级的技术平台实现，采用"应用+平台"模式，建立随需应变的信息化架构。当业务需求变化时，能快速满足业务变化的要求，同时能够降低成本，提高效益。图 4.8 为无线电管理一体化平台总体架构图。

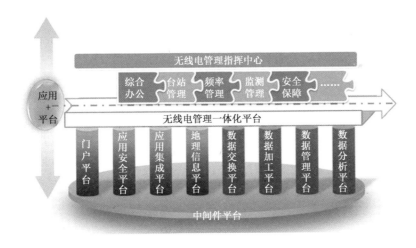

图 4.8　无线电管理一体化平台总体架构图

无线电管理一体化平台的核心是门户平台、应用安全平台、应用集成平台、地理信息平台、数据交换平台、数据加工平台、数据管理平台和数据分析平台等基础技术平台，这些平台是无线电管理应用系统设计、开发和运行的基础，是应用系统实现跨部门、跨区域、跨业务的全国监测设施和数据资源互联互通、共享融合的关键底层支撑。基础技术平台功能多、技术细节复杂，以门户平台为例，它通过统一界面、统一身份管理、统一用户认证和单点登录等功能，实现统一的业务展现门户和协同办公门户，并且能够支持手机和 PC 等多终端接入。

（2）功能架构设计。

功能架构用于描述系统的功能组成，主要关注系统具备哪些功能，同时体现各主要组成功能间的相互支撑关系。无线电管理一体化平台功能架构图如图4.9所示。

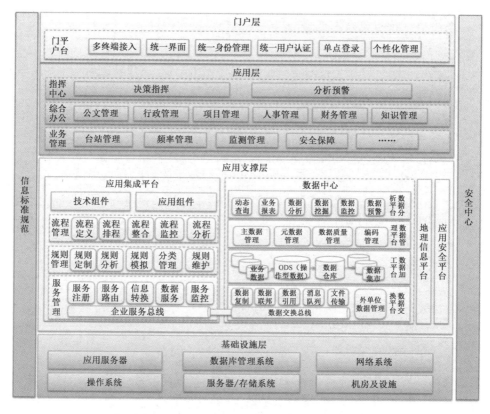

图 4.9　无线电管理一体化平台功能架构图

　　无线电管理一体化平台主要涉及门户层和应用支撑层，集"产品、工具、标准和规范"于一体，为应用系统的开发、部署、运行、维护和管控提供指导和支撑，保障应用系统的协调、稳定和安全运行。

　　（3）数据架构设计。

　　无线电管理一体化平台数据架构的作用是规划和指导，目前只涉及无线电业务管理中的台（站）、频率和监测等业务，其中无线电频率管理是最核心的工作，通过频率可以将监测工作和台（站）管理联系起来。无线电管理一体化平台数据架构如图 4.10 所示，图中的数字表示"对应关系"（1 对 1 或 1 对多），"*"表示"多个"，"▲"表示"数据方向"。

　　全国无线电管理机构对频率主要进行划分、规划或分配和指配。对台（站）主要进行设台用户管理和对无线电通信系统的管理，无线电业务是通过使用某个具体的通信系统来表现内容的。无线电台（站）拥有天馈线和收/发信机，收/发信机通过指定频率进行信号的接收/发送。国家无线电监测中心或省（区、市）级无线电监测站主要管理各类无线电监测设备和下级监测站，各监测站拥有多台监测设备、监测天线和监测人员，并进行监测工作。

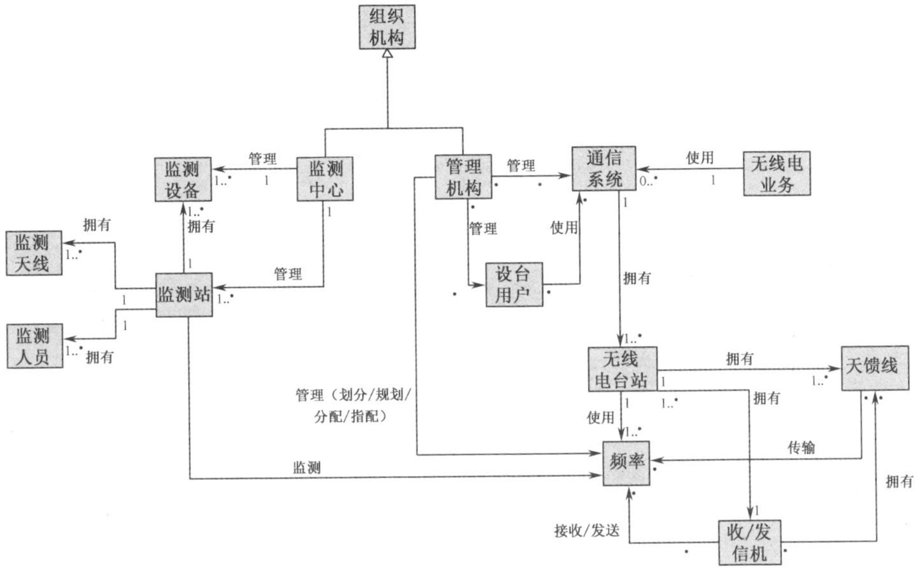

图 4.10　无线电管理一体化平台数据架构

（4）技术架构设计。

无线电管理一体化平台整体采用面向服务的架构 SOA，通过企业服务总线（Enterprise Service Bus，ESB）实现管理体系运行管控系统的服务组件封装、部署，以及数据、应用和流程等的集成与交互，无线电管理一体化平台总体技术架构如图 4.11 所示。

该技术架构的关键技术包括企业服务总线、技术支撑服务组件、应用服务组件、数据资源和接入渠道等，其中，企业服务总线要求具备核心总线模块和适配器模块，并提供 BPEL 视图、BPMN 视图和数据交换传输平台。总线模块负责处理跨系统的公共逻辑，例如服务调度、服务路由、标准的加密解密和权限控制等。适配器模块负责处理与特定系统相关的逻辑，例如，针对特定系统的特殊加解密处理、特定通信协议的转换和格式转换等；BPEL 视图和 BPMN 视图解决跨业务系统的流程之间的对接问题，将分散在各个业务系统中间的工作流，有机地整合贯穿在一起，形成完整的宏观流程。数据交换传输（ETL、MQ、Web Service）平台用于建立统一异步传输通道（MQ），实现国家级、省级、地市级的数据非实时交换；提供服务访问（Web Service），实现各级业务应用的信息获取和业务流程协同；提供 ETL 工具，实现数据提取、数据变换和数据加载。

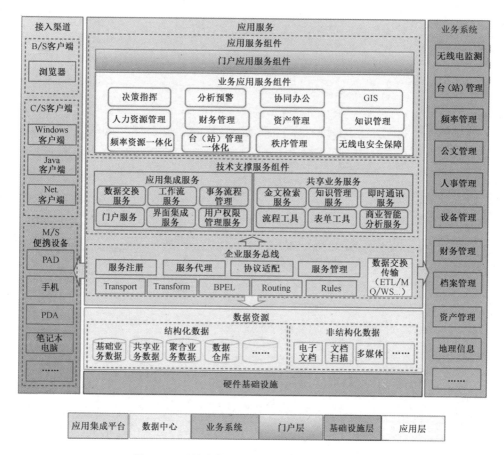

图 4.11　无线电管理一体化平台总体技术架构

4.4.2　一体化平台的重要作用

一体化平台是无线电管理工作的创举，国家无线电监测中心蒲星以图解"一体化"系列为题介绍了一体化平台的重要作用[3]。

（1）填补空白，从源头打破信息孤岛。

2012 年以前，我国各级无线电管理机构在无线电管理信息化方面取得了显著成效，初步建立了无线电管理信息化支撑体系。但由于信息系统缺乏全局规划，即各类无线电管理业务系统缺乏统一的接口标准、调用方法、流程控制、数据标准、数据路由、协作平台和权限控制等，造成业务系统重复建设、彼此孤立，业务流程容易中断，业务数据"碎片化"，信息资源的使用效率整体偏低，业务系统类似于一个孤岛。要打破这个信息孤岛，就必须从源头开始建立全国统一的无线电管理一体化平台。

（2）"应用+平台"，建立随需应变的信息化架构。

无线电管理一体化平台是通过"应用+平台"的指导思想来规划总体架构的，将业务逻辑与应用支撑进行分离，业务逻辑由应用实现，应用支撑由企业级的技术平台实现，采用"应用+平台"模式，建立随需应变的信息化架构。当业务需求变化时，能快速地满足业务变化的需求，同时能够降低成本、提高效益。一体化平台建成后将实现工作流程自动化、工作方式协同化、业务服务规范化、数据资源全局化以及领导决策科学化的完备体系，全面提高无线电管理的信息化水平。

（3）标准制定，为无线电管理提供决策支持。

标准化是无线电管理信息化建设的基础性工作。为了保障无线电管理一体化平台顺利建成，必须对无线电管理一体化平台进行统一设计，实现统一的技术架构、统一的应用集成方式、规范的管理模式等，形成建设指导性规范文件。2012 年以来，国家无线电监测中心已形成一套较为完整的无线电管理一体化平台通用技术规范体系，支撑"一体化平台"建设、管理和运行，为无线电管理提供决策支持。

（4）数据管理，让一体化成果惠及全国。

无线电管理一体化平台具有很强的可扩展性和灵活性，便于容纳来自全国的新业务需求，通过信息的高度集中处理，使行政办公、业务处理、决策支持和外部信息等应用成为一个统一协调的整体，真正实现全国无线电管理信息系统业务数据的集中共享、全局的数据分析、连贯的业务流程、综合的办公平台等无线电管理一体化效果，让一体化成果惠及全国。截至目前，31 个省（区、市）无线电管理机构初步建成了无线电管理一体化平台，覆盖全国的软件资源共享和监测设施互联技术体系已基本形成。

4.4.3　一体化平台的未来与发展

无线电管理一体化平台是一项信息化建设的基础性工程，其主要目标是解决无线电管理中存在的信息化水平不足、数据资源共享效率低下、各应用系统间的信息孤岛问题，以及业务流程连贯性欠佳等难题。面向未来，该平台需要持续进行优化与升级，以更好地为国家经济社会的稳定发展提供频谱支撑，并保障电磁空间的无线电安全。本书作者认为，无线电管理一体化平台的未来发展方向包括以下几个方面。

（1）依托国家大数据标准体系，完善无线电管理一体化平台。

人类社会正处于数字经济发展的重要转型时期，信息化浪潮从"IT 时代"迈向"DT 时代"，数据成为与物质和能源同等重要的基础性战略资源，被誉为"新的石油"和"本世纪最珍贵的财产"，并在以人工智能、区块链为代表的智慧化时代发挥着不可或缺的支撑作用。

无线电管理一体化平台通用技术规范体系起源于 2012 年，十多年来 IT 技术突飞猛进。2014 年 11 月，ISO/IEC JTC1 成立大数据工作组（WG9），负责制定大数据标准计划和编制大数据基础标准（包括参考架构和术语标准）等工作。随着人工智能和大数据技术的发展，ISO/IEC JTC1 于 2017 年 10 月设立 SC42 人工智能分技术委员会，将大数据标准化研究工作纳入 SC42 的工作组（WG2）。2014 年 12 月，全国信息技术标准化技术委员会成立大数据标准化工作组（BDWG），负责制定和完善我国大数据标准体系。目前，主要世界主要国家、国际组织和行业主管部门均建立了大数据标准体系[4]，因此，依据国家大数据标准和 AI 发展现状进一步完善无线电管理一体化平台是当前亟待解决的问题。

（2）加强与高校及企业合作，共建无线电管理一体化平台应用生态。

无线电管理一体化平台作为无线电管理信息化的核心技术基础设施，其效能的最大化取决于构建一个开放包容、创新驱动的应用生态系统。面对信息通信技术日新月异的发展浪潮，无线电管理一体化平台在此大背景下应当担当推动创新发展的关键角色。为此，应积极推动并深化与高校及企业的战略合作关系，携手共建无线电管理一体化平台应用生态，共同发掘和释放该平台的深层次价值。

强化与高校的合作联系，积极共建联合研发实验室和工程研究中心。作为科研创新的重要源头，高校不仅拥有雄厚的基础研究实力与前沿技术积淀，还能持续输送高质量的人才资源，这为无线电管理一体化平台核心应用的持续开发与维护提供了强大的自主创新能力保障，并能确保技术更新迭代紧跟行业发展的步伐。

借助市场化运营机制，搭建开放式合作平台，鼓励并吸引各类企业深度参与无线电管理一体化平台的应用拓展。企业凭借对市场需求的高度敏感度及丰富的实践经验，能够迅速将学术研究成果转化为具有商业价值的产品和服务，实现科研成果从理论到实践的有效转化和广泛应用。

（3）提升公共服务能力，为经济社会发展提供更有效的支撑。

近年来，数字经济的繁荣发展及其驱动下的经济结构数字化转型，使得无线电频谱资源的战略价值和经济价值日益凸显，新兴产业如无人机、自动驾驶等对其依赖度持续增强。在此形势下，原有的无线电管理服务体系面临新的挑战：社会对频谱资源的需求不断增长，对监管能力和服务水准提出了更高要求，但目前的无线电管理一体化平台尚未能完全满足这些公共服务需求，究其原因，在早期建立该平台标准时，并未充分预见人工智能、区块链等前沿技术的发展潜力及大数据分析在决策支持中的重要作用。现今看来，无线电管理一体化平台可被视为连接过去与未来的桥梁，亟待升级更新以适应新的技术环境和社会需求。

在新时代背景下，应当积极促进无线电管理一体化平台的技术创新与功能扩展，使其能够对外提供优质高效的公共服务，推动无线电频谱资源科学配置、合理利用，满足新兴业态健康发展的迫切需求。

（4）为加强无线电监测技术设施的一体化整合能力，以更好地服务于国家安全战略，必须针对现有无线电管理一体化平台的能力提升进行深入探讨。具体而言，可以从以下两个方向着手。

应关注大数据方向的一体化整合。在大数据时代背景下，数据已成为国家基础性战略资源。然而，当前我国无线电监测技术设施在时域和空域数据获取及融合处理能力方面仍然存在不足。因此，有必要通过加强技术研发和设施建设，提升无线电监测技术设施在大数据处理方面的能力，提升应对复杂电磁环境的能力，更好地支撑频谱资源的安全使用。

应当关注监测技术的新发展领域，特别是"天地一体化"监测网络的构建。现阶段，我国无线电监测网络主要依赖地面基站设施，对于卫星互联网、无人机等新兴应用场景下信号的捕获和识别能力相对较弱。随着太空技术的发展和应用普及，亟须发展"天基"无线电监测，填补我国在这一领域的空白，构建无线电监测技术设施在"天地一体化"监测方面的能力，以更好地适应新时代电磁空间安全的需求。

4.5　小结

ITU-R 是国际上负责频谱分配、卫星轨道位置协调和无线电通信标准化的机构，工业和信息化部是我国无线电管理的行政主管部门。目前，我国涉及无线电管理的法律法规包括《中华人民共和国民法典》《中华人民共和国无线电管理条例》《中华人民共和国无线电管制规定》《中华人民共和国无线电频率划分规定》和《无线电发射设备管理规定》等。无线电监测技术设施包括地面监测网络、卫星和短波监测网络及无线电管理一体化平台。无线电管理即服务（Radio Management as a Service，RMaaS）是未来的发展趋势。

参考文献

[1] 庞京,吉日格勒,武迎兵. 静止轨道卫星信号上行站定位影响因素分析[J]. 数字通信世界，2021（12）：78-80.

[2] 无线电管理一体化平台体系架构及应用规范[R/OL]. （2014-03-17）[2024-06-17].

[3] 蒲星. 图解"一体化"[R/OL]. （2017-09-27）[2024-06-17].

[4] 国家广播电视总局科技司. 广播电视和网络视听大数据标准化白皮书（2020 版）[R/OL]. （2020-08-25）[2024-06-17].

第 5 章

电磁空间无线电安全

电子战又称电子对抗，传统上属于军事学学科门类。近年来随着无人机和卫星互联网等技术的发展，尤其是"俄乌冲突"期间，这些技术影响了国家安全，甚至决定战争走向。因此，在两个大局背景下研究电磁空间无线电安全具有重要意义。本章首先简要介绍电子战，然后讨论无人机监测和卫星互联网监测，最后简要介绍电磁空间无线电安全与总体国家安全观，以帮助读者从地缘政治视域理解电磁空间无线电安全。

5.1 电子战

电子战又称为电子对抗，最早起源于"日俄战争"。1904 年 4 月 14 日，日军装甲巡洋舰炮击俄国在旅顺港的海军基地，日军同时派遣一些小型船只在附近观察弹着点，并用无线电发报机报告射击校准位置信息。此时，一名俄军的无线电操作员收听到了日军信号后立即用自己的无线电发报机在同一频点上发射信号来对其实施干扰，使得日军舰炮操作人员无法接收到射击校准位置信息，从而使得炮击造成的伤亡很小。这是人类历史上首次将无线电干扰应用于战争，并成功发挥了重要作用，标志着电子战的开始。中国电子战的应用起源于北伐战争。1927 年 9 月，北洋军阀张作霖大败山西军阀阎锡山，其中一个重要原因就是张作霖部队成功破译出阎锡山部队的无线电台通信密码，提前获得了阎锡山通过无线电台发布的所有军事命令，这是中国历史上记载的第一个电子战案例。这两个案例前者是干扰压制，后者是窃听，都是电子战的经典作战方式。

干扰导航雷达是电子战在第二次世界大战中的第一个应用案例，在此期间，箔条也被用来迷惑和扰乱导航雷达系统。越南战争期间，电子战在许多军事行动中发挥了重要作用，美军综合采用多种对雷达的电子对抗措施，曾一度使地空导弹的命中率下降到 2%，大大减少了美军的伤亡。海湾战争中，美军出动数千架次 F-117A 隐身轰炸机对防空火力最强地区进行轰炸，在强大的电子干扰掩护下轰炸机无一损失。2007 年，以色列军队使用电子战系统使叙利亚防空系统瘫痪，以色列空军的 10 架 F-15 战机毫无阻拦地穿越了叙利亚的大半个领空，成功地摧毁了一座疑似在幼发拉底河附近的据称由伊朗提供资金建造的核反应堆。完成袭击任务后，这 10 架战机毫发未损地回到基地，这是一个成功利用电磁频谱进行突防的典型战例。

俄军在克里米亚、乌克兰危机，以及叙利亚战场上展示出了强大的电子战能力。2018 年 1 月 8 日，俄罗斯国防部发布消息称，当地时间 1 月 5 日晚至 6 日清晨，俄罗斯在叙利亚境内的赫迈米姆空军基地和塔尔图斯海军基地成功抵御了大规模无人机袭击。俄军防空部队共探测到 13 架无人机向俄军事基地靠近，俄军电子战部队成功截获并控制了 6 架无人机，其中 3 架降落在基地外受控区域，3 架在触地时爆炸，其余 7 架被俄军的防空部队"铠甲-S"防空综合体摧毁。此次事件在向世界表明，电子战是对抗无人机蜂群攻击这一新型空中打击形式的有效手段。同时，更充分展示了俄军强大的战场电子对抗能力。据美国《防务邮报》报道，美国特种作战司令部司令雷蒙德·托马斯抱怨道："叙利亚已成为地球上最富侵略性的电子战区域。俄罗斯和叙利亚政权部队每天都在考验我们，破坏我们的通信，使我们的 EC-130 飞机瘫痪。"

美国具有较为完备的太空对抗体系，对他国太空安全构成的主要威胁来自于其明确的控制空间战略、打击他国空间系统的作战方案、强大的空间监视能力、地基反卫能力、具有可迅速转化为实战能力的空间对抗技术等。尤其是 2020 年 10 月，美国国防部发布《电磁频谱优势战略》，美军将用"电磁战"概念替换"电子战"，并明确指出将电磁战与频谱管理融合为统一的电磁频谱作战。同年同月，《中华人民共和国国防法》修订草案全文公布，修订草案新增规定，"国家采取必要的措施，维护包括太空、电磁、网络空间在内的其他重大安全领域的活动、资产和其他利益的安全"。电磁安全及网络空间安全被列入重大安全防卫领域，并将为相关领域防卫力量建设提供法律依据[1]。由于俄罗斯在电子战方面的优势，再加上中国的崛起，世界主要航空航天大国为争夺空间优势而展开的竞争越来越激烈。

2022 年 2 月 24 日，俄罗斯对乌克兰展开了特别军事行动，由于军事冲突过程中乌克兰得到了美西方情报和"星链"卫星系统等的支持，虽然是局部冲突，但同样代表了全球电子战的最高水平。文献[2]对俄军电子战运用进行了归纳梳理，总结了电子战运用的典型经验，尤其是无人机作战经验，并从理论指导、体系运用、前沿领域等方面剖析了面对美西方挑战时俄军电子战运用的不足，以及面向未来电子战运用给我们的启示。2024 年 1 月 28 日，美国中央司令部在一份声明中证实，一架无人机袭击了美军在约旦东北部靠近叙利亚边境的一个基地，造成 3 名美军士兵死亡，另有 25 人受伤。这是新一轮巴以冲突以来，首次有美军士兵在中东地区的袭击中丧生。美国总统拜登当天发表声明说，美方仍在搜集与这起袭击相关的信息，认为这是由叙利亚和伊拉克境内受伊朗支持的武装组织发动的一次袭击。美方将"择机以自己的方式"追究发动袭击者的责任，并承诺继续打击恐怖主义。可以看出，无人机袭击、无人机作战已成为一种新的作战方式，将影响国家安全和经济社会发展。

5.2　无人机监测

5.2.1　无人机及其管理

无人机的发展经历了靶机、侦察、察打、战斗工具和大规模商用五个阶段。1933 年首批量产的无人靶机"蜂后"在英国问世，无人机的价值开始得到了军方的认可。第二次世界大战后，各国开始尝试在靶机上安装一些测量装置，使其具有战场侦察和目标探测的能力。20 世纪 60—70 年代，美军"火蜂"侦察机在越南上空执行侦察任务，获取的情报占当时情报总量的 80% 以上，大大减少了美军士兵的伤亡。"火蜂"侦察机在越南战场的出色表现，开辟了无人机应用和发展的新阶段。20 世纪 70—80 年代的中东战争使无人机开始在战场上崭露头角，也促进了无人机技术与功能的进一步拓展和提升。20 世纪 90 年代以来的几场局部战争，又给无人机提供了更加广阔的展示其作战才能的舞台。2001 年 11 月 15 日，美国"捕食者"无人机侦察到一支车队趁着夜幕开进了一座小镇，车上的人员全部进入了一座楼房，随后调来了正在附近待命的 F-15 战斗机向大楼发射了导弹，同时，"捕食者"无人机也将其携带的两枚"海尔法"导弹准确地投向了大楼的停车场。顿时，楼房和停车场立即成为一片火海，其内的人员全部毙命。"捕食者"无人机的这次出色一击，意味着无人机开始具备了低空探测和直接攻击地面目标的能力。俄乌冲突期间，无人机逐渐成为主要的战斗工具。美国专家认为，到 2025 年，美军 90% 的战机将是无人机，甚至有专家预言，到 2050 年，美军将不再装备有人驾驶飞机。我国非常重视无人机作战研究，2020 年"八一"前夕，习近平总书记视察空军航空大学时指出："现在各类无人机系统大量出现，无人作战正在深刻改变战争面貌。要加强无人作战研究，加强无人机专业建设，加强实战化教育训练，加快培养无人机运用和指挥人才。"

目前，无人机领域可谓群雄纷争，传统无人机厂商不断取得技术性突破，大批新兴企业相继进入公众视野。民用无人机行业得以兴起和大规模商用的主要原因是无人机飞控系统开源、硬件成本下降、产业链日趋完善和市场需求增加。以无人机培训和数据采集为代表的无人机服务业正在兴起，产业链日趋完善。民用无人机的用途有几百种，我国民用无人机企业近 400 家。无人机在我国的警用安防领域也已经初具规模，在农业、电力、能源、灾难救援、快递等行业的应用快速发展。然而，无人机的日益增多引发了一些安全担忧，如"黑飞"扰航、失控伤人、偷拍侵权等问题日益凸显，威胁航空安全、公共安全和国家安全，风险挑战不容忽视。因此，对不同类型的无人机进行管理迫在眉睫。

2023 年 6 月 28 日，中华人民共和国国务院、中华人民共和国中央军事委员会公布《无人驾驶航空器飞行管理暂行条例》，条例于 2024 年 1 月 1 日起施行。无人驾驶航空器，即无人机，指没有机载驾驶员和自备动力系统的航空器。条例第一章总则共六条，其中，第一条要求"为了规范无人驾驶航空器飞行以及有关活动，促进无人驾驶航空器产业健康有序发展，维护航空安全、公共安全、国家安全，制定本条例"；第三条要求"无人驾驶航空器飞行管理工作应当坚持和加强党的领导，坚持总体国家安全观，坚持安全第一、服务发展、分类管理、协同监管的原则"；第五条要求"国家鼓励无人驾驶航空器科研创新及其成果的推广应用，促进无人驾驶航空器与大数据、人工智能等新技术融合创新。县级以上人民政府及其有关部门应当为无人驾驶航空器科研创新及其成果的推广应用提供支持。国家在确保安全的前提下积极创新空域供给和使用机制，完善无人驾驶航空器飞行配套基础设施和服务体系"。由此可见，在确保安全的前提下促进无人驾驶航空器产业健康有序发展，是国家对无人机管理的原则要求。

5.2.2　无人机监测技术

典型无人机系统由飞行器、地面监控站和通信链路组成，如图 5.1 所示。飞行器包含飞行器机体结构、动力装置、GPS、任务载荷设备（摄影传感器等）、飞行控制器和机上通信链路；地面监控站包括地面监控站通信链路、地面监控系统（监控车、携带型监控器和固定监控站）；通信链路包括机上通信链路和地面监控站通信链路，这些通信链路组成无线通信系统，它是飞行器平台和地面监控站之间的通信工具[3]。针对无人机系统的不同组成部分有不同的监测技术，例如，目视侦察、声波探测、光电探测、电磁频谱探测和多普勒雷达探测等。

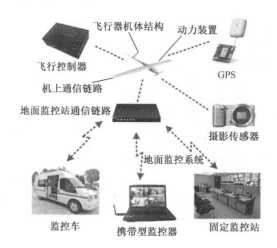

图 5.1　无人机系统的组成

（1）目视侦察。

目视侦察是利用人的眼睛侦察周边环境来发现视距范围内的无人机的。在天气晴朗的条件下，人眼通过观测飞行器的外观可以看到 350 m 左右的无人机。如果只进行目视侦察，发现无人机后往往来不及采取处置措施，最多只是利用无人机靠近的几十秒甚至几秒内提醒、警告周边的群众，但此时无人机可能已完成偷拍、破坏等活动。

通常情况下，在大型集会或活动中可以配备多名安保人员，通过目视侦察与单兵反制设备相结合一起执行任务。在无人机防控系统中，目视侦察可以起到最后一道保护的作用。目视侦察的优点是机动灵活，缺点是受时间、天气和能见度的影响较大。

（2）声波探测。

无人机声波探测方法主要基于被动式声波探测原理，即探测无人机飞行过程中发出的声波。由于近年来雷达探测面临电子干扰、反辐射导弹、低空突防和隐身技术的威胁，越来越容易受到攻击。因此声波探测方法引起了人们的兴趣。美国、英国和俄罗斯等在这一领域处于领先地位，如美国研制的反直升机智能雷弹 ADAS 和 Hormet，能够在 10 km 外发现目标，500 m 处开始跟踪目标，200 m 以内实施精准打击。

声波探测无人机技术由于以下原因目前尚不成熟。一是远距离探测性能急剧下降，目前主要用于 100 m 以内目标的精准监测。二是容易受风噪声和雨噪声的影响。三是不同类型无人机产生的声波信号特征不一样，需要提前建立声波指纹库。

（3）光电探测。

光电探测可分为红外探测和可见光探测两种基本类型。红外探测具有接收像元尺寸大、灵敏度高和全天候工作等优点，但由于其分辨率较低，通常作为粗跟踪使用。可见光探测响应速度快、分辨率高，但必须在激光照明的辅助下才可以实现全天候的工作，一般在红外跟踪的辅助下可实现对目标的精确跟踪。典型光电探测系统性能指标为：探测范围——白天 3 km，夜间 1.5 km；激光光源——功率 20 W，波长 810 nm 近红外军品级激光；摄像机——200 万像素，128 dB 超宽动态，电子防抖，3D 数据降噪等。

光电探测技术是警用"低、慢、小"目标探测众多手段中的一种，具有无线电静默、反应快、定位精度高、探测结果直观可视等优势，但由于"低、慢、小"目标的体积小，使得探测距离大大缩小，同时受能见度和湿度影响大，因此光电探测系统的性能还有进一步提升空间。

（4）电磁频谱探测。

国内无人机主要采用 2.4 GHz/5.8 GHz 频段的无线电波作为飞手与无人机之间的飞行控制和图传信号，而航空模型采用 433 MHz/915 MHz 频段作为控制信号。电磁频谱探测设备通过天线截获并接收无人机的图像传输和遥控信号，然后对信号实施参数测量、高精度测向和距离估计，同时通过数据库比对识别出无人机的型号、类型和厂家等信息。目前，国内外的电磁频谱探测设备最远探测半径可达 10 km 以上，部分产品还能对飞手进行定位，便于警方实施抓捕，已经具备良好的商用和实地部署条件。

电磁频谱探测也存在一定的漏测风险，对于预先设定好目标的自动巡航无人机，由于无人机处于无线电静默状态，电磁频谱探测设备是无法监测到的。为保证万无一失，往往需要与雷达配合使用。典型设备性能指标为：探测频率——80 MHz～6 GHz；探测距离——大于 5 km（大疆精灵 4）；摄像机——24 h 不间断工作，可探测 360° 目标。

（5）多普勒雷达探测。

传统雷达在军事上主要用于探测高空、快速、大飞行目标，而无人机属于低空、慢速、小飞行目标，即"低、慢、小"目标，传统军用雷达很难探测到。近年来，国内外相继有一些雷达厂家优化了雷达信号处理算法，相关雷达产品已经能够探测"低、慢、小"目标，雷达探测渐渐成为一种主流的无人机探测技术。由于雷达是依靠物体反射波来判定物体大小和距离的，空域中的飞鸟、风筝等往往会对检测造成干扰，因此雷达技术往往会与光电摄像机进行联动，通过图像和雷达协同来确认无人机目标。雷达探测从原理上看可分为有源雷达探测和无源雷达探测，对"低、慢、小"目标的探测一般采用有源相控阵雷达。

目前典型有源相控阵雷达的性能指标为：工作体制——有源相控阵雷达；工作频段——Ku 波段；扫描方式——电子扫描+机械扫描；探测范围——最大探测距离≤3 km（等效雷达反射面=0.01m²），最小探测距离≤200 m；雷达分辨率——距离分辨率≤3.8 m，方位分辨率和俯仰分辨率3°，速度分辨率≤1 m/s。

同时，针对无人机的反制问题目前还有捕获摧毁类和驱离迫降类反制技术。捕获摧毁类反制技术包括鹰捕式、射网式、激光打击式和声波击落式。驱离迫降类反制技术包括电磁频谱干扰、GPS 压制干扰和 GPS 欺骗干扰[3]。图 5.2 为上海特金开发的手持无人机反制设备，该设备通过发射特定频段电磁波对无人机进行干扰反制，从而阻断无人机的通信链路（Wi-Fi 或 GPS 链路），快速实现目标的驱离或迫降，作用距离 1～1.5 km。

图 5.2　手持无人机反制设备

5.2.3　无人机监测技术的发展趋势

由于单一手段的无人机监测技术存在这样那样的问题，例如，目视侦察受时间、天气和能见度的影响较大；声波探测尚不成熟；光电探测距离小，同时受能见度和湿度影响大；电磁频谱探测存在漏测风险；多普勒雷达探测存在飞鸟、风筝等引起的干扰。因此，网络化和多技术手段集成融合是无人机监测技术的发展趋势。以上海特金开发的 TDOA 多源融合无人机管控系统为例，该系统综合运用多种技术手段，包括无源频谱探测、雷达探测、光学探测、无线电干扰和导航诱骗等，实现对入侵的非法无人机目标的探测发现、定位追踪和有效处置，构建立体的网络化多技术融合低空防御系统。TDOA 多源融合无人机管控系统结构如图 5.3 所示，功能特点为：TDOA 多源结合——以 TDOA 无源侦测为主，雷达、光电等手段为辅的完整监测体系；数据融合——不同设备的数据信息实时融合，科学决策；多重防护——对核心区采取多种手段联合防御，互为补充，重重防护；高效联动——基于探测识别结果自动选择反制手段，跟踪打击目标；多级防御——用户可定制多级防御区，实现分区分级管理；无缝覆盖——多种感知技术融合，全域全息无死角监测；灵活预案——系统提供多种防御组合策略，供用户灵活配置；拓展方便——采用通用接口，便于融合多类型管控设备。

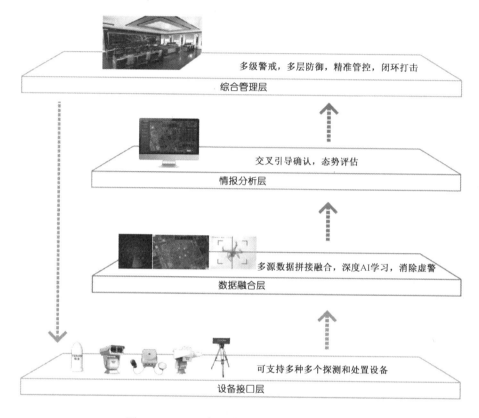

图 5.3　TDOA 多源融合无人机管控系统结构

（本图彩色版本见本书彩插）

无人机监测的另一发展趋势是采用无源雷达探测，无源雷达探测（被动雷达或外辐射源雷达等）是一种利用第三方非合作辐射源发射的电磁信号来照射目标，自身仅被动地接收目标散射信号而实施探测的新体制双/多基地雷达[4]，无源雷达探测原理示意图如图 5.4 所示。与前面介绍的无人机监测方法相比，无源雷达探测设备自身不发射电磁波，不仅节省了电能消耗，而且绿色环保，可低成本全天候工作；无源雷达探测可利用 FM 广播信号、地面数字广播信号、GPS 信号和卫星互联网信号[5]等多种外源，这些外源涉及多频段、信号类型多、空间特征完备。基于上述特点，无源雷达不仅有趣，而且在无人机监测领域具有潜在优势。

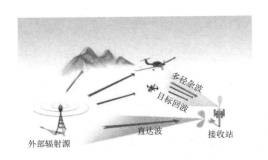

图 5.4 无源雷达探测原理示意图

5.3 卫星互联网监测

5.3.1 卫星轨道

（1）卫星轨道方程。

卫星围绕地球运动的规律与行星围绕太阳运动的规律相同，都遵循牛顿万有引力定律和开普勒定律。万有引力定律可表述为：两个质量为 m 和 M 的物体相互吸引，吸引力的大小和它们的质量成正比，与它们之间距离 r 的平方成反比，即

$$F = GMm/r^2 \qquad (5.1)$$

这里，$G = 6.672 \times 10^{-11} \mathrm{m}^3/(\mathrm{kg \cdot s}^2)$ 为万有引力常数；$M = 5.974 \times 10^{24} \mathrm{kg}$ 为地球质量；$\mu = GM = 3.986 \times 10^{14} \mathrm{m}^3/\mathrm{s}^2 = 3.986 \times 10^5 \mathrm{km}^3/\mathrm{s}^2$ 为开普勒常数。

在研究卫星绕地球运动的规律时，可近似认为地球静止卫星绕地球运动。开普勒第一定律指出：行星绕太阳在一个平面上运动时，其运动轨道是椭圆，太阳在椭圆的一个焦点上。开普勒第一定律表明，卫星（小物体）绕地球（大物体）运行的轨道是椭圆，地球的质心是卫星运动椭圆轨道的一个焦点。设椭圆轨道的半长轴、半短轴、偏心率和卫星运动速度分别为 a、b、e 和 v，卫星到地心的距离为 r，则卫星轨道形状为

$$e = \sqrt{a^2 - b^2}/a \qquad (5.2)$$

当 $e = 0$ 时，$v = \sqrt{2\mu/r}$，卫星轨道为圆形；当 $e < 1$ 时，$v < \sqrt{2\mu/r}$，卫星轨道为椭圆形；当 $e = 1$ 时，$v = \sqrt{2\mu/r}$，卫星轨道为抛物线；当 $e > 1$ 时，$v > \sqrt{2\mu/r}$，卫星轨道为双曲线。

开普勒第二定律指出：从太阳到行星的连线在相同时间内扫过相同面积。开普勒第二定律表明，卫星在椭圆轨道上的运动是非匀速的，靠近地球的近地点速度快，靠近地球的远地点速度慢。卫星在椭圆轨道上与地心距离为 r 处的

瞬时运动速度为

$$v = \sqrt{\mu(2/r - 1/a)} \tag{5.3}$$

根据上述公式，可计算卫星近地点 $r_p = a(1 - e)$ 的速度为 $v_p = \sqrt{(\mu/a)((1+e)/(1-e))}$；卫星远地点 $r_a = a(1 + e)$ 的速度为 $v_a = \sqrt{(\mu/a)((1-e)/(1+e))}$；卫星在圆形轨道上 $r = a$ 的速度为 $v = \sqrt{(\mu/r)}$。

开普勒第三定律指出：对于所有的行星，围绕太阳运行周期 T 的平方与椭圆半长轴 a 的立方的比值相同。根据上述定律可导出卫星围绕地球运行周期的计算公式为

$$T = 2\pi\sqrt{(a^3/\mu)} \tag{5.4}$$

对于圆形轨道，$T = 2\pi\sqrt{((R_e + h)^3/\mu)}$，这里 $R_e = 6\,378$ km，h 是卫星轨道离地面的高度。根据公式 $v = \sqrt{(\mu/r)}$ 和 $T = 2\pi\sqrt{((R_e + h)^3/\mu)}$，可计算不同高度下卫星在圆形轨道上运行的周期和速度，典型圆形轨道的高度、半径、卫星运行周期和速度如表 5.1 所示。由表可见，卫星轨道越高，卫星运行周期越长，卫星速度越慢；表中 35 786 km 是卫星轨道距离地球赤道上空的距离，340.0 km、560.0 km、614.0 km 和 1 130.0 km 是 Starlink 系统的典型卫星轨道高度。2020 年 4 月，SpaceX 公司修改 FCC 许可证，放弃 1 130 km 轨道，将卫星轨道典型高度更改为 340.0 km、560.0 km 和 614.0 km。

表 5.1　典型圆形轨道的高度、半径、卫星运行周期和速度

卫星轨道高度（km）	半径（km）	周期（s）	速度（m/s）
340.0	6 718.0	5 480	7 703
560.0	6 938.0	5 751	7 580
614.0	6 992.0	5 818	7 550
1 130.0	7 508.0	6 474	7 286
35 786	42 164	86 164	3 075

（2）卫星轨道资源。

卫星轨道类型很多，按轨道高度可分为低轨（Low Earth Orbit，200～2 000 km）、中轨（Medium Earth Orbit，2000～36 000 km）和高轨（High Earth Orbit，36 000 km 及以上）；按轨道偏心率可分为近圆轨道（$e \doteq 0$）和椭圆轨道（$e \geqslant 0.001$）；按轨道倾角可分为赤道轨道（$i \doteq 0°$，零倾角轨道）、极轨道（$i \doteq 90°$）、顺行轨道（$0° \leqslant i < 90°$）和逆行轨道（$90° < i \leqslant 180°$），轨道面和卫星轨道资源如图 5.5 所示。

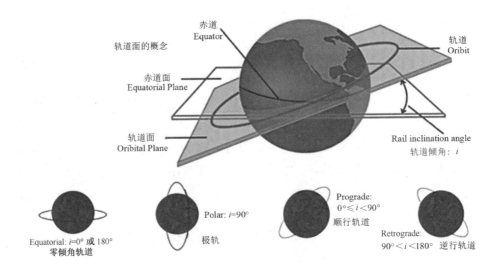

图 5.5　轨道面和卫星轨道资源

在卫星通信领域，最宝贵的轨道资源是地球静止轨道，其最大的特点是轨道倾角为零且轨道周期与地球自转周期相同，23 小时 56 分 4 秒，即卫星相对于地球是静止的。地球静止轨道带如图 5.6 所示，图中轨道已经被人类塞满了各式各样的卫星，拥挤不堪，人们称之为地球静止轨道带（GEO Belt）。其次是

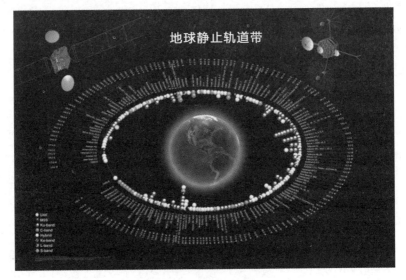

图 5.6　地球静止轨道带

（本图彩色版本见本书彩插）

以卫星互联网为代表的低轨、近圆顺行轨道，最大特征是传输延迟小、带宽宽和容量大。2018 年 *Nature* 以"征服地球太空垃圾问题的探索"为题，介绍了地球上空上亿片太空垃圾，正以 7～8km/s 的速度绕地飞行情况。

地球上空运行卫星、死亡卫星和其他人造碎片示意图如图 5.7 所示。结果表明，地球轨道上有 2 万多个物体，而且今后每年将以惊人的速度增长[6]。在地球上空运行的轨道卫星中，美国排名第一，中国紧随其后，大国之间的卫星轨道资源竞争越来越激烈。

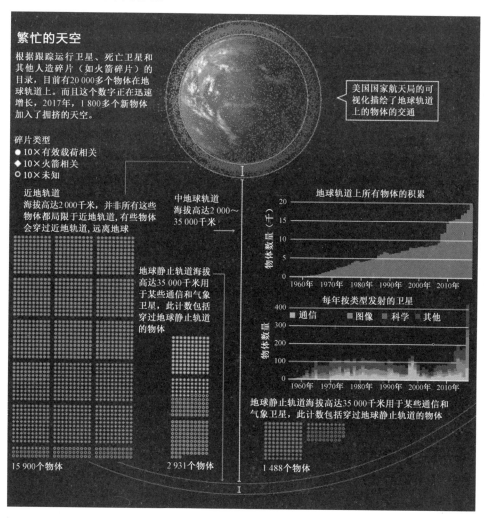

图 5.7　地球上空运行卫星、死亡卫星和其他人造碎片示意图

（本图彩色版本见本书彩插）

5.3.2　卫星互联网

（1）卫星通信。

1963 年，美国发射了第一颗 GEO 通信卫星，成功提供了 1964 年东京奥运会电视实况转播，奠定了卫星通信商业化发展的技术基础；1965 年，国际通信卫星组织将 Intelsat-1 卫星送入地球静止轨道，开通了欧美大陆间的国际商业卫星通信业务，第一代卫星模拟通信进入大规模应用阶段；1982 年，海事卫星 INMARSAT-A 开始提供移动电话服务。20 世纪 80 年代，数字技术开始大规模应用于卫星通信系统中，其中，甚小口径卫星通信终端（Very Small Aperture Terminal，VSAT）的出现，为卫星通信专网的发展提供了条件。1989 年发射的 Intelsat Ⅵ系列卫星采用数字调制技术、Ku 波段可控点波束设计，总容量达到了 36 000 个话路；1993 年全球第一个陆地移动卫星通信系统 Inmarsat-C 开始商用，三年后 Inmarsat-3 卫星开始支持便携型电话终端。

20 世纪 90 年代，由多颗低地球轨道（Low Earth Orbit，LEO）卫星构成的通信星座迎来了第一个发展的高潮。针对当时第一代地面模拟移动通信系统标准林立、难以实现国际漫游、信号质量差的缺点，摩托罗拉公司于 1990 年 6 月发布了提供全球移动通信服务的铱星计划。铱星计划由运行在 780 km 的 6 个轨道面上的 66 颗卫星构成，采用近极轨道构型，轨道倾角 86.4°。与此同时，美国劳拉和高通公司建设了全球星（Global-Star）系统。全球星系统由位于轨道高度 1 414 km、8 个轨道面内的 48 颗卫星构成，采用倾角 52°的倾斜圆轨道星座。

进入 2000 年，高通量卫星（High Throughput Satellite，HTS）成为卫星通信发展的热点。HTS 是指使用相同带宽的频谱资源，而数据吞吐量是传统卫星的数十倍甚至数百倍的通信卫星。目前主流的 GEO-HTS 通过采用高频波段（Ku、Ka）传输、密集多点波束和大口径星载天线等技术，通信容量可达数百 Gbps 乃至 Tbps 量级，每 bit 传输成本大幅降低，逐渐逼近地面网络的指标，显著提升了卫星通信的竞争力。GEO-HTS 虽然在带宽成本上有了显著改善，但 GEO-HTS 传输时延大，不能对高纬度地区和极地提供服务。针对全球互联网用户增长乏力的问题，为解决由于地理、经济等因素，全球剩余 30 亿未能接入互联网人群的上网问题，2010 年，谷歌提出了（Other 3 billion，O3b）计划。随后，许多国家相继开发利用中低轨卫星星座，卫星互联网迎来了全新的发展高潮。与国外情况一样，我国卫星通信发展也经历了类似过程，感兴趣的读者请查阅专著[7]。

（2）卫星互联网研究现状。

O3b 系统目标是让全球缺乏上网条件的"另外 30 亿人"能够通过卫星接入

互联网。O3b 的初始星座包括 12 颗卫星，于 2014 年 12 月底发射完毕。卫星运行在轨道高度 8 062 km 的赤道面中地球轨道 MEO（Medium EarthOrbit）上，传输端到端时延约为 150 ms。卫星工作在 Ka 波段，单个用户波束传输速率可达 1.6 Gbps、系统总设计容量达 84 Gbps。2017 年 11 月，O3b 公司向美国联邦通信委员会 FCC 提出申请，新增了 30 颗 MEO 卫星，新卫星设计更先进，单星容量较上一代提高了 10 倍。

2014 年，SpaceX 宣布建设 Starlink 星座，2018 年发射了 2 颗试验卫星，2019 年 5 月将第一批试验卫星送入太空，开始了低轨大规模星座的构建。Starlink 星座计划经历了多次修改。最初的方案是在 1 100～1 325 km 轨道高度上部署 LEO 星座，卫星数量为 4 425 颗；在 340 km 附近轨道高度部署极低轨（Very Low Earth Orbit，VLEO）星座，卫星数量为 7 518 颗。2020 年 4 月，SpaceX 公司再次修改 FCC 许可证，将 LEO 星座全部卫星的轨道高度更改为 540～570 km；同年 5 月 SpaceX 又向 FCC 递交了 3 万颗卫星的详细资料，将 LEO 星座轨道高度更改为 614 km 以下。

2017 年 6 月，美国 FCC 批准了卫星互联网创业公司 OneWeb 提出的星座计划。OneWeb 规划了三代星座。第一代星座于 2018 年启动部署，采用近极轨道，共发射 882 颗 LEO 卫星，轨道高度 1 200 km，分布在 18 个圆轨道面上。OneWeb 第一代星座计划为 0.36 m 口径天线终端提供 50 Mbps 的互联网接入服务。OneWeb 第二代星座将直接向使用轻便小型天线的农村家庭提供 2.5 Gbps 的宽带服务，整个系统容量提升至 120 Tbps。第三代星座目标是到 2025 年为全球超过 10 亿个用户提供宽带服务，系统容量达到 1 000 Tbps。

2016 年 11 月，加拿大卫星通信公司 Telesat 向 ITU 提交的申请文件提到，卫星星座至少由 117 颗卫星组网，采用 Ka 波段，星座的系统容量为 8 Tbps。卫星轨道分为两种：倾角 99.5° 的极地轨道，包括 6 个轨道面，每个轨道面至少使用 12 颗卫星，轨道高度为 1 000 km；倾角为 37.4° 的倾斜轨道，包括 5 个轨道面，每个轨道面上有 9 颗卫星，轨道高度为 1 248 km。2019 年 4 月，美国亚马逊公司（Amazon）首次向 FCC 提交 Kuiper 低轨星座部署申请，旨在为当前无法接入基本宽带互联网的用户提供服务，包括向农村和难以到达的地区提供固定宽带通信服务，以及为飞机、船舶和地面车辆提供移动宽带服务。Kuiper 计划在 3 个轨道高度一共部署 3 236 颗 Ka 波段 NGSO 卫星，服务赤道南北纬 56° 之间的区域。

2020 年 4 月，卫星互联网作为通信网络基础设施的代表之一，被我国纳入新基建规划，各地和相关企业纷纷加快布局，卫星产业链迎来重大发展机遇。

2023 年 4 月，我国首次完成低轨卫星互联网在偏远地区电力通信的应用测试，我国卫星互联网建设实现了重要突破。单颗卫星变成了组网星座，利用卫星视频通话的时长也从 3 分钟提高至半个小时以上；卫星互联网还可以赋能工业，或者与自动驾驶领域结合，增强车辆感知能力。与此同时，我国卫星互联网应用加速落地，产业链布局不断完善。2023 年 11 月 23 日 18 时 00 分 04 秒，我国在西昌卫星发射中心使用长征二号丁运载火箭及远征三号上面级成功将卫星互联网技术试验卫星发射升空，卫星顺利进入预定轨道，发射任务取得圆满成功。卫星互联网技术试验卫星由中国科学院微小卫星创新研究院抓总研制。本次任务是创新研究院的第 50 次卫星发射任务，截至目前，该研究院已成功发射涵盖通信、导航、遥感、科学和微纳等领域的 96 颗卫星。目前，中国科技公司申请低轨卫星星座的情况如下：中国卫星网络集团有限公司（GW）为 12 922 颗；中国航天科技集团有限公司（鸿雁）为 72 颗；中国航天科工集团有限公司（虹云）为 156 颗；银河航天科技有限公司为 650 颗；中国电子科技集团有限公司（天象）为 120 颗。

> **小提示 1：卫星互联网产业链布局不断完善**
>
> 新闻联播报道了我国卫星互联网产业发展的情况，读者可以上网查询相关报道资料。

5.3.3 卫星互联网监测方法探讨

卫星互联网作为一种跨业务的无线电应用技术，不仅具有经济社会价值，而且还具有军事应用价值。因此，探讨卫星互联网监测方法是保障电磁空间无线电安全和无线电业务有序运行的必要条件。从目前文献报道来看[8][9]，卫星互联网监测系统可在星基、空中和陆基平台上构建。星基监测平台的优势在于覆盖区域广、定位精度较高，必要时也能向地面或卫星发射压制信号并阻断其通信；缺点在于成本较高，需要占用轨道资源，实际发射和运营需要专业的团队。空中监测平台的优势在于移动不受地面地形影响，具备快速搜索和定位的能力；缺点在于移动距离和工作时间受制于无人机性能，无人机操作具有一定的风险，管控能力不如星基平台强。下面分别以陆基平台和 Starlink 信号监测为例，探讨卫星互联网监测方法。

（1）Starlink 星座和频率。

2020 年 4 月，Starlink 修改了 FCC 许可证，将 LEO 星座全部卫星轨道高度都更改为 540～570 km，修改后的 Starlink 星座参数如表 5.2 所示。同年 5 月，Starlink 向 FCC 递交了 3 万颗卫星的详细资料，星座代号为 Starlink Gen2，Starlink Gen2 星座参数如表 5.3 所示。图 5.8 给出了 Starlink 的 LEO 星座与部署到位的 12 批卫星共 700 颗卫星示意图，由图 5-8 可见，12 批卫星部署到位后，Starlink 可覆盖除南北极外的全球大部分区域。

表 5.2　修改后的 Starlink 星座参数[10]

轨道类型	高度/km	倾角/°	轨道面数	卫星数/轨道面数	卫星数
LEO	550.0	53.0	72	22	1 584
	540.0	53.2	72	22	1 584
	570.0	70.0	36	20	720
	560.0	97.6	6	58	348
	560.0	97.6	4	43	172
VLEO	345.6	53.0	—	—	2 547
	340.8	48.0	—	—	2 748
	335.9	42.0	—	—	2 493

表 5.3　Starlink Gen2 星座参数[10]

高度/km	倾角/°	轨道面数量	卫星数/轨道面数	卫星数
328.0	30.0	1	7 178	7 178
334.0	40.0	1	7 178	7 178
345.0	53.0	1	7 178	7 178
360.0	96.9	40	50	2 000
373.0	75.0	1	1 998	1 998
499.0	53.0	1	4 000	4 000
604.0	148.0	12	12	144
614.0	115.7	18	18	324

文献[11]研究了 Starlink 系统抗干扰分析及应用，结果表明，在抗干扰措施方面，由于 Starlink 系统卫星数量非常大，当一些卫星受到干扰或损坏时，系统的正常功能不会受到影响，系统鲁棒性好；系统支持在线软件升级，采用高定向卫星和地球站波束，具有选择可用卫星的能力，这些措施增加了对抗的难度。在军事应用方面，Starlink 系统提升了美军高速宽带通信能力；支持无缝侦察和监视；提升了空间对抗能力；提升了无人作战平台的指挥控制能力；促进了美国军事信息系统的融合与发展。Starlink 系统目前使用的频率如表 5.4 所示。

图 5.8 LEO 星座（左图）与部署到位的 12 批卫星（右图）示意图[10]

（本图彩色版本见本书彩插）

表 5.4 Starlink 系统目前使用的频率[11]

链接类型	工作频率范围
用户下行	10.7～12.7GHz
网关下行	17.8～18.6GHz,18.8～19.3GHz
用户上行	14.0～14.5GHz
网关上行	27.5～29.1GHz,29.5～30.0GHz
TT&C 下行	12.15～12.25GHz,18.55～18.60GHz
TT&C 上行	13.85～14.00GHz

TT&C 为跟踪、遥测和控制（Tracking、Telemetry and Control）。图 5.9 为星链卫星网络结构示意图[12]，图中 Starlink Dishes 为星链用户终端；Ground Station 为地球站；（Inter-Satellite Link，ISL）为星间链路；（Ground-to-Satellite Link，GSL）为地球站—卫星链路；（User Link，UL）为用户链路。由于用户下行覆盖范围广，因此下面讨论的 Starlink 信号监测是针对用户下行频段 10.7～12.7GHz 进行的。同时，由于 Starlink 卫星采用可控点波束（Multiple Steerable Spot Beam）设计，每个点波束（3 dB 带宽 5°）可覆盖的范围大约 20 km，图 5.10 为星链卫星波束示意图。如果该区域内没有用户终端被激活，点波束内仅有窄带导频信号而不存在宽带 Starlink 信号，因此 Starlink 卫星监测又分为卫星信号监测和卫星导频监测。

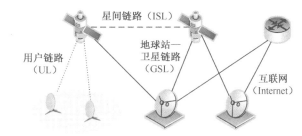

图 5.9 星链卫星网络结构示意图

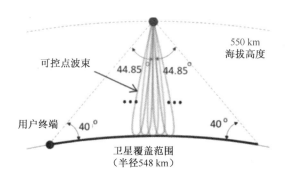

图 5.10 星链卫星波束示意图

（2）Starlink 卫星信号监测。

由于保密原因，SpaceX 公司尚未发布星链信号的技术细节，目前只能通过实验方法研究其特性。2022 年 10 月，文献[13]发表了一种 Starlink 下行信号盲识别技术，其信号捕获过程框图如图 5.11 所示。图中，射频部分的抛物面天线在 12.5 GHz 时的增益为 40 dBi；低噪声变频单元（Low Noise Block，LNB）的变频增益为 60 dB、噪声系数为 0.8 dB，其作用是将 10.7～11.7GHz 频段内的信号下变频至 950～1 950MHz。信号捕获部分允许工作在宽带模式和窄带模式，宽带模式 ADC 位数为 12 位，采样速率 4 096 Msps，数字下转换器将其速率变为 2 048 Msps 的 12 位复信号；窄带模式 ADC 位数为 16 位，采样速率为 125 Msps，数字下转换器将其速率变为 62.5 Msps 的 16 位复信号并进行储存，通过记录分析离线数据获得的星链下行信号参数如表 5.5 所示。Ku 波段星链下行链路的信道布局如图 5.12 所示，从图中可见，星链下行链路共 8 个信道，每个信道带宽 $F_s = 240\text{MHz}$。从原理上讲，多个信道可以在一个服务区域同时激活，但为了避免干扰，相邻的服务区域应该采用不同的信道。同时，研究发现，中心频率为 F_{c1} 和 F_{c2} 的两个低频段信道是空的，这可能是 SpaceX 公司为了避免干扰 10.6～

10.7 GHz 频段内的射电天文业务。两个信道之间有一个保护带 $F_g = 10$MHz。上述信息有助于研究 Starlink 卫星信号的监测。

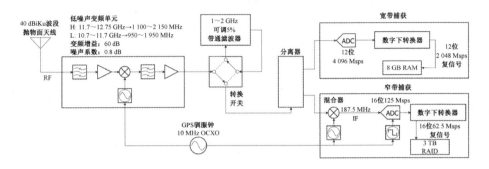

图 5.11　信号捕获过程框图[13]

表 5.5　星链下行信号参数

参数	F_s	N	N_g	T_f	T_{fg}	N_{sf}	N_{sfd}	T
值	240 MHz	1 024	32	1/750 s	68/15 μs	302	298	64/15 μs
参数	T_g	T_{sym}	F	F_{ci}	F_s	F_g		
值	2/15 μs	4.4	234 375 Hz	250 MHz	10 MHz	10.7+F/2+0.25（i-1/2）GHz		

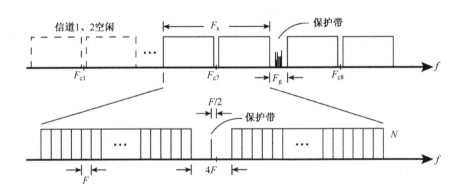

图 5.12　Ku 波段星链下行链路信道布局

　　Starlink 下行信号盲识别方法扩展了无线电监测研究的范围,然而由于国内尚未提供 Starlink 业务,因此针对它的监测存在一定困难。有趣的是,目前已有文献报道边境地区监测到 Starlink 卫星下行信号[14]。

　　（3）Starlink 卫星导频信号监测。

　　秦红磊等[15]通过实验发现,Starlink 卫星 Ku 波段下行导频信号特性示意图如图 5.13 所示。图中可见,10.7～12.7GHz 频段,卫星下行单波束信号带宽

250 MHz，2 GHz 带宽内有 8 个可能的导频信号位置；导频信号带宽大约 1 MHz，实验监测到 11.325 GMHz 和 11.575 GMHz 两个导频信号，且 11.325 GMHz 信号最强。图 5.14 给出了采用频谱分析仪测量到的卫星下行导频信号的实时功率谱，可见 1.325 GMHz 导频功率电平大于−85 dBmW。得益于卫星调整相控阵天线发射功率的补偿机制，Starlink 下行射频信号到达地面的功率通量密度（Power Flux Density，PFD）大致保持在−182 dBW/m² · Hz，这与文献[16]介绍的技术参数基本吻合，即轨道高度为 614 km 时，载频为 11.575 GHz、带宽为 250 MHz、EIRP 为−49.5 dBW/Hz、PFD 为−116.1dBW/m² · MHz；轨道高度 328 km 时，载频 11.575 GHz、带宽 250 MHz、EIRP 为−54.8 dBW/Hz、PFD 为−116.1 dBW/m² · MHz。上述技术参数对 Starlink 卫星导频监测具有参考价值。

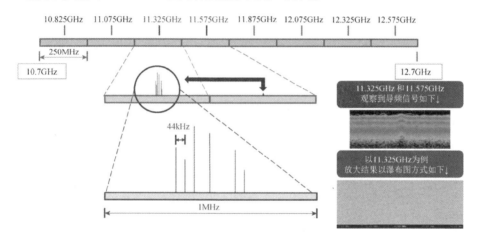

图 5.13 Ku 波段卫星下行导频信号特性示意图

（本图彩色版本见本书彩插）

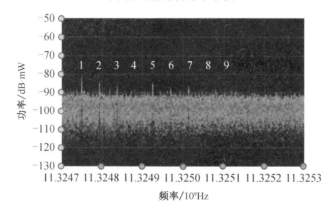

图 5.14 卫星下行导频信号实时功率谱

由于功率通量密度 $S(\mathrm{W/m}^2)$ 与空间电场 $E(\mathrm{V/m})$ 的关系为

$$S = E^2/120\pi$$

变换得 $E^2 = 120\pi S$，将上式转换为 dB，则

$$10\lg E^2 = 10\lg120\pi + 10\lg S$$

$$10\lg(E/10^6)^2 = 10\lg120\pi + 10\lg S$$

$$E = 10\lg120\pi + S + 10\lg10^{12}$$

$$E = S + 145.76 \tag{5.5}$$

将下行射频 PFD 为 $S = -182\,\mathrm{dBW/m}^2$ 代入式（5.5）得 $E = -36.24\,\mathrm{dB\mu V/m}$。这表明地面空间场强非常微弱，除非扩展工作频段并采用高增益定向天线，否则地面监测实施（一类站灵敏度为 $15\,\mathrm{dB\mu V/m}$）不可能监测到 Starlink 下行射频信号。为了监测该信号，前端系统的增益至少应大于 $36.24 + 15 = 51.24\,\mathrm{dB}$。这样高的增益如果完全由天线提供，天线口径太大，监测系统性价比不好。为了解决这类问题，工程上习惯采用"天线+低噪声变频单元（Low Noise Block，LNB）"的组合方案以增加系统设计的灵活性。

2022 年 10 月，文献[13]报道了一种基于"天线+LNB"的 Starlink 信号捕获系统，设计时天线增益为 40 dB，LNB 转换增益为 60 dB。2023 年 3 月，文献[17]直接采用转换增益为 50 dB 的 LNB 完成了 Starlink 信号定位实验，实验结果表明地面 PFD 大于 $-182\,\mathrm{dBW/m}^2 \cdot \mathrm{Hz}$，同时这一结论已得到文献[15]技术参数的有效支撑。图 5.15 分别给出了针对 OneWeb、Starlink、Iridium NEXT 和 Orbcomm LEO 卫星的无源机会定位实验方案[5]，图中左边为原理框图，右边为监测天线和馈线系统照片，上述研究不仅丰富了 Starlink 监测内容，而且有望找到新的应用领域。

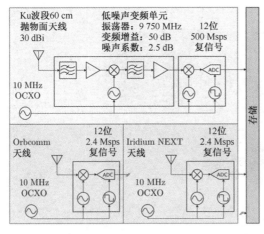
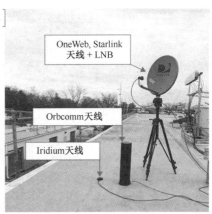

图 5.15　针对四类卫星的无源机会定位实验方案

（4）Starlink 机会信号定位方法。

Starlink 信号除用于无源雷达探测外[18]，还可利用从下行导频信号中提取的多普勒频率进行机会定位，从而有效克服 GNSS 定位落地信号功率低、频点单一、易受电磁干扰影响、建设和维护成本较大等缺点。下面介绍 Starlink 机会信号定位方法[20]。

如果将 Starlink 下行信号建模为受到噪声和干扰影响的未知的周期信号，则接收的基带信号为

$$r[n] = \alpha c[\tau_n - t_s[n]] \exp(j\theta[\tau_n]) + d[\tau_n - t_s[n]] \exp(j\theta[\tau_n]) + w[n] \quad (5.6)$$

式中，$r[n]$ 为第 n 个时刻的接收信号；α 为 Starlink 发射机与用户接收机之间的复信道增益；τ_n 为以接收机时间表示的采样时间；$c[\tau_n]$ 表示 L 个样本期间的复周期样本。$t_s[n]$ 为第 n 个时刻 Starlink 发射机与用户接收机之间的码时延；$\theta[\tau_n] = 2\pi f_D[n]T_s n$ 表示以弧度为单位的载波相位，$f_D[n]$ 为第 n 个时刻的瞬时多普勒频率，T_s 为采样时间；$d_i[\tau_n]$ 表示来自 Starlink 发射机的传输数据复样本；$w[n]$ 是测量噪声，它被建模为一个复的、零均值的、独立同分布的方差为 σ_w^2 的随机序列。假设第 k 个数据相干处理间隔（Coherent Processing Interval，CPI）内多普勒频率 f_{D_k} 和多普勒调频斜率 β_k 均为常数，则多普勒频率 $f_D[n]$ 是时间的线性函数，即 $f_D[n] = f_{D_k} + \beta_k n$。将上式代入式（5.6）并通过变换得

$$r'[n] = r[n] \exp(-j2\pi\beta_k n^2) = s[n] + w_{eq}[n] \quad (5.7)$$

$$s[n] \triangleq \alpha c[\tau_n - t_s[n]] \exp(j2\pi f_{D_k} T_s n)$$

$$w_{eq}[n] = d[\tau_n - t_s[n]] \exp(j2\pi f_{D_k} T_s n) + \exp(-j2\pi\beta n^2) w[n]$$

由于 Starlink 下行信号的周期性，因此

$$s[n + mL] = s[n] \exp(j\omega_k mL), 0 \leq n \leq L - 1$$

式中，$\omega_k \triangleq 2\pi f_{D_k} T_s$ 为第 k 个 CPI 的归一化多普勒频率，且 $-\pi \leq \omega_k \leq \pi$。与信号的第 m 个周期相对应的 L 个观测样本的矢量为

$$Z_m \triangleq [r'[mL], r'[mL+1]]^T, \cdots, r'[(m+1)L-1]]^T \quad (5.8)$$

因此，第 k 个 CPI 矢量可通过连接 M 个长度为 L 的一维向量来构建长度为 ML 的一维向量

$$Y_k = [Z_{kM}^T, Z_{kM+1}^T, \cdots, Z_{(k+1)M-1}^T]^T = H_k S + W_{eq_k} \quad (5.9)$$

式中，$S = [s[1], s[2], \cdots, s[L]]^T$；$H_k \triangleq [I_L, \exp(j\omega_k L)I_L, \cdots, \exp(j\omega_k (M-1)L)I_L]^T$ 为 $ML \times L$ 多普勒矩阵；I_L 为 $L \times L$ 单位矩阵；W_{eq_k} 为等效噪声矢量。

基于二元假设检验理论，Starlink 下行导频信号不存在时 $Y_0 = W_{eq_0}$；存在时 $Y_0 = H_0 S + W_{eq_0}$，多普勒频率 ω_0 的最大似然估计为 $\hat{\omega}_0 = \arg\max_{L,\omega_0,\beta_0} \|H_0^H Y_0\|^2$。

第 i 颗卫星在时间步 $\kappa = kD$ 的可观测伪距离为

$$z_i(\kappa) = \frac{\dot{r}_{S_i}^{\mathrm{T}}(\kappa)[r_r - r_{S_i}(\kappa)]}{\left\| r_r - r_{S_i}(\kappa) \right\|_2} + a_i + v_{zi}(\kappa) \tag{5.10}$$

式中，r_r 和 $r_{S_i}(\kappa)$ 分别是用户接收机和第 i 颗 Starlink 卫星的三维位置矢；$\dot{r}_{S_i}(\kappa)$ 为第 i 颗 Starlink 卫星的二维速度矢；a_i 为多普勒频率偏置；$v_{zi}(\kappa)$ 为测量噪声。由于卫星位置是已知的，因此可依据上述方程估计用户接收机的位置。图 5.16 给出了似然函数与多普勒频率的关系，表明在周期为 32 μs 时，多普勒频率为 $-2\,745\mathrm{Hz}$。图 5.17 给出了实验期间 Starlink 卫星的轨迹图（左）和环境布局与定位结果（右），Starlink 卫星机会信号定位水平二维误差为 10 m；三维误差为 22.9 m。

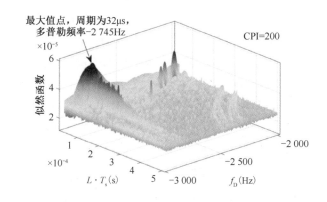

图 5.16　似然函数与多普勒频率的关系[19]

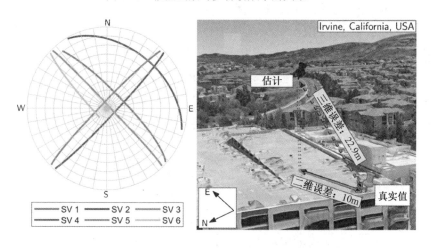

图 5.17　Starlink 卫星的轨迹图（左）和环境布局与定位结果（右）[19]

5.4　电磁空间安全与总体国家安全观

5.4.1　网络空间与电磁空间

（1）网络空间。

网络空间是构建在信息通信技术基础设施之上的人造空间，用以支撑人们在该空间中开展各类与信息通信技术相关的活动，这种人造空间中的主要设备包括终端、接入网、交换机/路由器、传送网、协议/信令和服务器，网络空间中的主要设备如图 5.18 所示[20]。

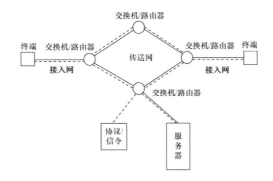

图 5.18　网络空间中的主要设备

与网络空间相关的安全问题就是网络空间安全，中国工程院院士方滨兴归纳的网络空间安全问题包括"设备层的安全、系统层的安全、数据层的安全和应用层的安全"。其中，设备层的安全主要包括网络空间中信息系统设备所需要获得的物理安全、环境安全、设备安全等与物理设备相关的安全保障；系统层的安全主要包括网络空间中信息系统自身所需要获得的网络安全、计算机安全、软件安全、操作系统安全、数据库安全等与系统运行相关的安全保障；数据层的安全主要包括网络空间中在数据处理的同时所涉及的数据安全、身份安全、隐私保护等与信息自身相关的安全保障；应用层的安全主要包括在信息应用过程中所涉及的内容安全、支付安全、控制安全、物联网安全等与信息系统应用相关联的安全保障。

（2）电磁空间。

电磁空间是在物化空间中产生、传输和应用电磁波的空间，它依赖于物化

空间，同时又受电荷及其运动规律的影响，描述电磁空间复杂特性的是著名的
麦克斯韦方程组、物质特性方程和电流连续性方程

$$\nabla \times \boldsymbol{H} = \boldsymbol{J} + \partial \boldsymbol{D} / \partial t \tag{5.11a}$$

$$\nabla \times \boldsymbol{E} = -\partial \boldsymbol{B} / \partial t \tag{5.11b}$$

$$\nabla \cdot \boldsymbol{D} = \rho \tag{5.11c}$$

$$\nabla \cdot \boldsymbol{B} = 0 \tag{5.11d}$$

$$\boldsymbol{D} = \varepsilon \boldsymbol{E} \tag{5.12a}$$

$$\boldsymbol{B} = \mu \boldsymbol{H} \tag{5.12b}$$

$$\boldsymbol{J} = \rho \boldsymbol{E} \tag{5.12c}$$

$$\nabla \cdot \boldsymbol{J} = -\partial \rho / \partial t \tag{5.13}$$

上述方程中，$\boldsymbol{E}$、$\boldsymbol{H}$、$\boldsymbol{D}$ 和 $\boldsymbol{B}$ 分别为电场强度矢量、磁场强度矢量、电位移矢量和磁感应强度矢量，ρ 为电荷密度，方程（5.11a）～方程（5.11d）为麦克斯韦方程组；方程（5.12a）～方程（5.12c）为物质特性方程；方程（5.13）为电流连续性方程。麦克斯韦方程组是人类科学史上最伟大的方程之一，没有这些方程就没有电磁空间、没有网络空间、没有数字经济……一般要求普通高等学校物理、电子工程、通信工程等本科专业的学生能理解并应用这些方程，但大部分学生都没有掌握其应用的精髓。非专业的读者理解其物理意义即可：电荷产生电场；时变的电荷或电场产生电流；磁感应强度矢量是无源的；电位移矢量的源是电荷；时变的磁感应强度矢量会产生涡旋的电场强度矢量；电流会产生涡旋的磁场强度，时变的电位移矢量同样会产生涡旋的磁场强度；即便是在真空中，电场和磁场都会相互转换产生电磁波；电磁波可以传输信息和能量。

电磁空间中可以传输不同频率的电磁波，将其频率从小到大排列就是电磁频谱，例如，无线电频谱、红外谱和可见光谱等。同样频率的电磁波在相同或邻近的地理空间区域传输时会发生干扰，因此，100 多年前科学家发明无线电后，国际上就开始对不同无线电业务进行频谱划分，以避免相互干扰，这是无线电管理的第一原则。中国工程院陈鲸院士对电磁空间安全的定义是："指国家的各类电磁波应用活动，特别是与国计民生相关的'重大电磁波应用活动'能够在国家主权'电磁空间'里没有危险、不受威胁、不出事故地正常进行，同时国家秘密频谱信息和重要目标信息能够得到电磁安全保护的一种状态"。由此可见，电磁空间和网络空间相互关联，但并不包含。相同的是，在电磁空间和网络空间中发生的物理现象都依赖于电磁频谱，服从麦克斯韦方程组。不同的是，电磁空间同陆、海、空、天一样是自然存在的，不依赖于网络空间，但是

网络空间依赖于电磁空间，网络空间中的设备层安全属于电磁空间安全范畴，电磁空间安全是网络空间安全的前提和基础[1]。

小提示 2：网络空间安全与电磁空间安全

网络空间是由终端、接入网、交换机/路由器、传送网、协议/信令和服务器等组成的人造空间，网络空间安全是网络拥有者自身数据和设备的安全。电磁空间同陆、海、空、天一样是一种自然空间。例如，边境地区的跨境无线电辐射；GNSS、Starlink 卫星信号覆盖主权国家等。与网络空间安全不同，电磁空间安全的防范措施包括识别、测向、定位、协调、干扰、没收或摧毁。

5.4.2　电磁空间安全

伴随着无线电频谱价值的提升，电磁空间战略价值逐步凸显，传统地缘政治的权力角逐正辐射至电磁空间，成为主权国家之间竞争与合作的新疆域。党的十九大报告强调，"统筹发展与安全，增强忧患意识，做到居安思危"是中国共产党治国理政的重大原则。遵循这一原则，我国在 5G、卫星导航、数字经济和航空航天等领域取得了重大突破，这些科技成果既是我国科技进步的集中体现，也是电磁空间科技发展的核心疆域所在。下面从 5 个方面讨论电磁空间安全。

（1）地缘政治理论。

地缘是指因地理位置、距离和空间区域而构成的国家关系，地缘政治的基础是地理空间，核心是处理相邻国家间的关系，本质是权力政治。伴随着国家利益空间的日益扩大，历史上先后出现了陆权论、海权论、空权论、地缘经济学、文明冲突论和太空政治等地缘政治理论。

农业时代，人类生活和国家活动的主要载体是陆地，因此陆权成为地缘政治的唯一空间。工业时代，大航海把世界各国连接起来，海权成为地缘政治的重要目标和国家主权的重要内容。随着飞行器在民用和军事领域的广泛运用，空权成为国家安全的重要组成部分。20 世纪末，太空也展现出其独特的商业和军事价值，于是太空成为国家间竞争与合作的新组成部分，人类已然进入太空政治时代。信息时代，国家利益空间和国家安全的内涵有了新拓展，权力的构成要素不仅包括传统物化空间和网络空间,还有科技、文化和制度等软性因素，于是又产生了地缘经济学和文明冲突论。地缘经济学强调利用经济工具（从贸易、投资政策到制裁、网络攻击和外国援助）实现地缘政治目标；文明冲突论认为新的世界冲突的根源不再是意识形态或国家间的经济摩擦与政治对立，而是截然不同的文化，即非西方文明与西方文明对抗。

（2）地缘政治理论变化。

进入 21 世纪，影响地缘政治的成分增多，其中电磁空间、科技进步和大国政治等要素尤为突出，这些要素交互作用，跨越传统物化空间和网络空间，反映了新时代国家安全的超越空间特性和复杂面貌。

一是电磁空间经济价值和安全价值急增。电磁空间是一种由人造设备和自然界天然辐射产生的电磁波构成的物化空间，用以支撑人类社会和自然界在该空间中发生的电磁现象。电磁空间中的国家权力主要通过无线电频谱价值体现。20 世纪初，无线电频谱主要用来传输广播电视信号，其经济价值相对较低。20 世纪 80 年代，移动通信的普及增加了无线电频谱的经济价值。21 世纪初，移动通信与互联网的结合支撑了数字经济的发展。最近，5G 与实体经济的深度融合赋能经济数字化转型，无线电频谱经济价值激增。2020 年 12 月，《中华人民共和国国防法》颁布，其中第四章第三十条规定"国家采取必要的措施，维护在太空、电磁、网络空间等其他重大安全领域的活动、资产和其他利益的安全"，新版《中华人民共和国国防法》强调了电磁空间安全的重要性。2021 年 12 月，云南大学建立了由直接价值、数字经济价值、经济数字化转型价值、文化价值和电磁空间安全价值构成的无线电频谱价值模型。2023 年 9 月，中国信息通信研究院发布的《中国无线经济发展研究报告》揭示，2022 年我国无线电频谱价值占 GDP 的 5.4%，与无线电频谱相关的无线电经济已成为国民经济的支柱产业。电磁空间中无线电频谱的经济价值和安全价值快速增加，跨越传统物化空间和网络空间的电磁空间已成为地缘政治的新疆域。"电磁空间"如同"新大陆"一般，谁在电磁空间中占据了主导权，谁就能主导未来世界。

二是科技创新乏力。现代科技可分为四大板块。第一板块以尚待验证的弦理论为起点，形成基本粒子和基本作用力，粒子通过作用力构成原子，再由原子构成分子，分子相互作用形成物质和材料，撑起了诸如电子信息、化工、机械、电气等学科。第二板块由细胞出发，到组织器官，再到个体生命，撑起了生物学、医学、营养学、农学等学科，从物质到生命是该板块的核心特征，简称生命科学。第三板块统称社会科学，世间有人就有了思维，就有了人性，人与人之间相互关联就产生了心理学、社会学、政治学、经济学、教育学、宗教文化……，这一板块的相关理论主要是宏观经验总结。第四板块为数据密集型科学发现、第四范式科学研究或 AI 驱动的科学，包括大数据和人工智能等，其特征是从数据中发现规律,赋能前三个板块高质量发展。目前现代科技的每一个板块均快速发展,但亦存在明显断层,例如,第一板块基本相互作用统一理论尚未建立;第二板自成体系但尚缺严密的微观过程理论;第三板块的规律性严重依赖于宏观实践经验总结;第四板块高速发展但缺乏可解释性。因此,总体来看全球科技创新乏力。

三是大国的焦虑和地缘政治战略转向。冷战结束以来,经济全球化浪潮席卷全球,生产的专业化分工打破了地域限制,以竞争逻辑为主导的地缘经济时代逐步形成,地缘经济关系成为大国关系的主要内容。随着中国经济的崛起,中美产业分工从互补走向竞争,再加上新冠肺炎疫情、全球科技创新乏力和文化价值等因素的影响,大国危机感和焦虑感增强、地缘政治战略转向。2019 年 8 月 5 日,习近平总书记在江西考察时指出:"领导干部要胸怀两个大局,一个是中华民族伟大复兴的战略全局,一个是世界百年未有之大变局,这是我们谋划工作的基本出发点。"看清这两个大局及其相互作用的态势,有助于我们精准定位中国所处的历史坐标与世界坐标,从而在创业时自觉胸怀大局、在谋划工作时自觉服从大局。后来发生的中美贸易争端、俄乌冲突和巴以冲突都证明了"两个大局"思想的高瞻远瞩。

(3)电磁空间的地缘政治属性。

电磁空间是有地理边界的,不仅像传统空间一样具有地缘政治属性,而且其具有跨越传统地理空间的能力,因此对全球地缘政治的影响更宽广。

一是为了避免国家间的无线电干扰,曾有国际组织提出了相邻国家之间的无线电保护距离,即边境和领海 22.22 km,领空 100 km,无线电管理具有地理空间属性。邻国之间的无线电频率协调是国家无线电管理的核心工作之一,2017 年 10 月,第 13 次中越边境地区无线电频率协调会谈召开前,主管部门从云南省高校谱传感与边疆无线电安全重点实验室开发的示范系统中提取了河口县中越边境时间连续、频谱完整、要素齐全的实时监测数据,为协调会谈提供了重要支撑。

二是 ITU 有关无线电频谱和卫星轨道资源使用权的分配原则是"先到先得",传统地缘政治的逻辑正辐射至太空,国家之间在太空领域的竞争与合作将人类带入了太空政治时代。太空领域的竞争的实质是卫星轨道资源的竞争,我国改革开放前,由于科技水平和综合国力等原因,地球同步卫星轨道资源大部分被美国和苏联占用。从目前的技术水平来看,人类可利用的地球同步卫星轨道有 3600 个,而中国可利用的有十多个,制约了我国卫星通信事业的高质量发展。

三是电磁空间具有跨越传统物化空间的属性，对全球地缘政治的影响更宽广。首先，电磁空间是一种物化空间，电磁空间安全像国土安全、军事安全、经济安全、社会安全、生态安全、资源安全、核安全、海外利益安全、生物安全、太空安全、极地安全和深海安全一样非常重要。其次，电磁空间中的无线电频谱具有文化价值，电磁空间安全具有文化安全和政治安全属性。同时，无线电频谱在数字产业化和产业数字化中发挥了链接和底座作用，是国家经济社会发展的基础性和战略性资源。最后，网络空间是在电磁空间的基础上构建的，电磁空间安全是科技安全的集中体现，就像没有芯片和基础软件安全就没有现代信息通信产业安全和高端制造业安全一样，没有电磁空间安全就没有网络空间安全。

（4）电磁空间安全面临的挑战。

人类是环境的产物，当电磁空间安全在很大程度上决定国家利益时，必须从地缘政治的高度思考其面临的挑战。

一是电磁空间安全意识亟待培养。电磁空间安全问题起源于电子战，虽然距今已有120多年的历史，但由于电磁空间自身及其与传统物化空间和网络空间关系的复杂性，公众对电磁空间安全问题关注得比较少。与此相反，美国非常重视电磁空间安全。2020年10月，美国国防部发布《电磁频谱优势战略》，目标是争夺"无形霸权"，美军用"电磁战"概念替换"电子战"，美军认为"电磁频谱内的行动自由将帮助部队更好地实施作战机动并夺取最终胜利"。2023年10月13日，美空军发布《太空军综合战略》文件，概述了美太空军的未来愿景，明确了太空军的战略目标、优先事项和计划安排，为美军太空能力的发展和应用进行了详细规划。该战略是美军全面布局太空能力工作的延续，以图继续谋取未来太空优势。同年11月13日，美国发布《国家电磁频谱战略》，美国总统拜登指出，电磁空间的竞争将直接影响国家安全、经济和新兴产业的发展，美国将进一步加强对重要频段的控制，采取先发制人的手段主导未来技术标准与规则制定的进程。

二是电磁空间安全学科有待建立。目前，我国《普通高等学校本科专业目录（2020年版）》和《研究生教育学科专业目录（2022年）》中并未设立交叉学科门类来涵盖电磁空间安全，这在一定程度上限制了我国对于该领域人才的培养。电磁空间作为国家安全与经济社会发展的重要支柱，其涉及的领域广泛，包括频谱资源管理、国际事务协调及各国在该领域的技术对抗等。鉴于电磁空间已成为大国竞争的前沿与中心，是国家战略的必争之地，大国之间电磁频谱优势的全面激烈争夺和长期对抗已不可避免。因此，建议国家适当调整学科目录，尽快建立与国家电磁空间安全相适应的学科体系，加强电磁空间安全人才培养，提升国家频谱意识。

三是维护电磁空间安全任重道远。主要表现在几方面：ITU 原则目前只保护 100 km 以内的领空，无线电频谱和卫星轨道资源使用权的分配原则是"先到先得"，我国要在联合国框架内改变上述原则非常困难；我国的国家频谱意识尚待提升，目前政府和媒体对无线电频谱价值的宣传力度不够；我国目前只有《中华人民共和国国防法》将电磁空间安全专门列出，电磁空间安全尚未纳入国家安全体系；《2021 中国的航天》白皮书并没有涉及太空电磁空间安全的内容，我国太空无线电监测领域几乎是空白；重点区域的无线电安全保障理论尚未建立，边境地区电磁空间安全无线电管理技术设施和人才培养体系亟待完善。

四是太空卫星轨道资源开发与电磁空间安全研究有待加强。卫星轨道资源对国家太空开发利用意义重大，而空间资源有限性使得国家需求更加迫切，也使得各国对此更容易产生分歧。尤其是中低卫星轨道资源，因卫星离地球近，将卫星通信平台置于中低轨道上具有灵活性高、时延低、容量大和覆盖率高等突出特点，是构建 6G 空天地海一体化通信网络和卫星互联网的基础与主干，是国家间竞争的热点。由于技术门槛高，对这些资源的开发利用目前主要在美国、中国、俄罗斯等国之间展开。特别是"俄乌冲突"期间，美国 Starlink 带来了网络安全、太空安全和军事安全挑战，引起了相关国家的高度关注。与美国对电磁空间安全研究的技术优势和商业化应用优势相比较，我国电磁空间安全形势不容乐观。

（5）我国的电磁空间研究重点。

电磁空间作为地缘政治的新空间是国家权利的集中体现。地缘政治原先依附于陆、海、空、天等传统物化空间和网络空间，现在跨越辐射到电磁空间，同时受技术赋能和大国政治等要素的影响导致国家安全战略方向、国家竞争方式随之发生变化。未来我国的电磁空间研究可重视以下几个方面的问题。

首先，保持对太空领域的持续投入、推进电磁空间治理能力的稳步提升。中国太空事业的稳步发展得益于历届国家领导人的持续重视和对太空领域的持续投入，例如，空间基础设施、载人航天和深空探测等。随着太空政治时代的到来，我国必须发展基于卫星的无线电频谱监测网络，填补太空无线电监测空白，推进电磁空间治理能力的稳步提升。同时，完善空间环境治理机制，全面加强防护力量建设，提高容灾备份、抗毁生存和信息防护能力，维护国家太空活动、资产和其他利益的安全。

其次，加强军民融合、促进太空领域有序发展。电磁空间具有军用和民用价值，是目前世界上最有价值的不可见物化空间。美国依托强大的科技和经济实力，在"军民一体化"发展战略的指引下发展军民两用技术，例如，GPS 是军转民项目，太空军发射 Starlink 卫星是民转军项目。2017 年 6 月 20 日下午，习近平总书记主持召开中央军民融合发展委员会第一次全体会议并发表重要讲话，强调"把军民融合发展上升为国家战略，是我们长期探索经济建设和国防建设协调发展规律的重大成果，是从国家发展和安全全局出发作出的重大决策，是应对复杂安全威胁、赢得国家战略优势的重大举措"。习近平总书记在视察某基地时提出，要着力深化军民融合发展，抓住党中央推进军民融合发展的战略契机，加快探索实践脚步，在技术、产业、设施、人才等方面走深度融合路子，努力使太空领域的军民融合发展走在全国全军前列。

再次，构建电磁空间伙伴关系、促进电磁频谱和卫星轨道资源管理民主化。针对不同国家的需求，构建不同类型的电磁空间安全伙伴关系是促进电磁空间治理体系民主化的重要途径。对电磁空间主导国美国，构建不冲突、不对抗的大国关系有利于维持稳定的电磁空间安全态势；中国与俄罗斯在推动电磁频谱和卫星轨道资源格局多极化方面存在共同利益，可以合作制衡美国的电磁空间霸权诉求；对发展中国家的特殊需求，我国应继续提供技术、资金方面的援助；ITU 机制始终是我国参与电磁频谱和卫星轨道资源分配利用的重要舞台，例如，我国采用继受权规则成功发射了北斗 G1 卫星。

最后，在总体国家安全观视域下，推动构建政府、高校、市场共同参与的电磁空间治理体系研究。支持地方高校发展电磁空间安全学科，进一步发挥边疆多民族地区高校在铸牢中华民族共同体意识中的重要作用；鼓励政府、高校和市场的共同参与，构建国家级区域电磁空间安全创新中心，通过人才、数据和知识共享更好地服务于国家电磁空间安全、边疆地区的经济社会发展和国防安全，确保国家安全和社会稳定。

5.4.3 总体国家安全观

国家安全是一个政党执政和国家发展的基石。党的十八大以来，习近平总书记全面评估中国国家安全面临的各种危险，于 2014 年 4 月 15 日在中央国家安全委员会第一次会议上提出总体国家安全观。习近平总书记强调，党的十八届三中全会决定成立国家安全委员会，是推进国家治理体系和治理能力现代化、实现国家长治久安的迫切要求，是全面建成小康社会、实现中华民族伟大复兴中国梦的重要保障，目的就是更好适应我国国家安全面临的新形势新任务，建立集中统一、高效权威的国家安全体制，加强对国家安全工作的领导。习近平总书记指出，当前我国国家安全内涵和外延比历史上任何时候都要丰富，时空领域比历史上任何时候都要宽广，内外因素比历史上任何时候都要复杂，必须坚持总体国家安全观，以人民安全为宗旨，以政治安全为根本，以经济安全为基础，以军事、文化、社会安全为保障，以促进国际安全为依托，走出一条中国特色国家安全道路。贯彻落实总体国家安全观，必须既重视外部安全，又重视内部安全，对内求发展、求变革、求稳定、建设平安中国，对外求和平、求合作、求共赢、建设和谐世界；既重视国土安全，又重视国民安全，坚持以民为本、以人为本，坚持国家安全一切为了人民、一切依靠人民，真正夯实国家安全的群众基础；既重视传统安全，又重视非传统安全，构建集政治安全、国土安全、军事安全、经济安全、文化安全、社会安全、科技安全、信息安全、生态安全、资源安全、核安全等于一体的国家安全体系；既重视发展问题，又重视安全问题，发展是安全的基础，安全是发展的条件，富国才能强兵，强兵才能卫国；既重视自身安全，又重视共同安全，打造命运共同体，推动各方朝着互利互惠、共同安全的目标相向而行。习近平总书记指出，中央国家安全委员会要遵循集中统一、科学谋划、统分结合、协调行动、精干高效的原则，聚焦重点，抓纲带目，紧紧围绕国家安全工作的统一部署狠抓落实[21]。

2015 年 7 月 1 日，第十二届全国人民代表大会常务委员会第十五次会议通过《中华人民共和国国家安全法》。国家安全法第二十五条：国家建设网络与信息安全保障体系，提升网络与信息安全保护能力，加强网络和信息技术的创新研究和开发应用，实现网络和信息核心技术、关键基础设施和重要领域信息系统及数据的安全可控；加强网络管理，防范、制止和依法惩治网络攻击、网络入侵、网络窃密、散布违法有害信息等网络违法犯罪行为，维护国家网络空间主权、安全和发展利益。国家安全法第三十二条：国家坚持和平探索和利用外层空间、国际海底区域和极地，增强安全进出、科学考察、开发利用的能力，加强国际合作，维护我国在外层空间、国际海底区域和极地的活动、资产和其他利益的安全。国家安全法第三十三条：国家依法采取必要措施，保护海外中国公民、组织和机构的安全和正当权益，保护国家的海外利益不受威胁和侵害。2018 年 4 月 17 日，习近平总书记主持召开十九届中央国家安全委员会第一次会议并发表重要讲话。习近平总书记强调，要加强党对国家安全工作的集中统一领导，正确把握当前国家安全形势，全面贯彻落实总体国家安全观，努力开创新时代国家安全工作新局面，为实现"两个一百年"奋斗目标、实现中华民族伟大复兴的中国梦提供牢靠安全保障。习近平总书记在讲话中强调，中央国家安全委员会成立 4 年来，坚持党的全面领导，按照总体国家安全观的要求，初步构建了国家安全体系主体框架，形成了国家安全理论体系，完善了国家安全战略体系，建立了国家安全工作协调机制，解决了许多长期想解决而没有解决的难题，办成了许多过去想办而没有办成的大事，国家安全工作得到全面加强，牢牢掌握了维护国家安全的全局性主动。习近平总书记指出，前进的道路不可能一帆风顺，越是前景光明，越是要增强忧患意识，做到居安思危，全面认识和有力应对一些重大风险挑战。要聚焦重点，抓纲带目，着力防范各类风险挑战内外联动、累积叠加，不断提高国家安全能力。习近平总书记强调，全面贯彻落实总体国家安全观，必须坚持统筹发展和安全两件大事，既要善于运用发展成果夯实国家安全的实力基础，又要善于塑造有利于经济社会发展的安全环境；坚持人民安全、政治安全、国家利益至上的有机统一，人民安全是国家安全的宗旨，政治安全是国家安全的根本，国家利益至上是国家安全的准则，实现人民安居乐业、党的长期执政、国家长治久安；坚持立足于防，又有效处置风险；坚持维护和塑造国家安全，塑造是更高层次更具前瞻性的维护，要发挥负责任大国作用，同世界各国一道，推动构建人类命运共同体；坚持科学统筹，始终把国家安全置于中国特色社会主义事业全局中来把握，充分调动各方面积极性，形成维护国家安全合力。习近平总书记指出，国家安全工作要适应新时代新要求，一手抓当前、一手谋长远，切实做好维护政治安全、健全国家安全制度体系、完善国家安全战略和政策、强化国家安全能力建设、防控重大风险、加强法治保障、增强国家安全意识等方面工作。习近平总书记强调，要坚持党对国家安全工作的绝对领导，实施更为有力的统领和协调。中央国家安全委员会要发挥好统筹国家安全事务的作用，抓好国家安全方针政策贯彻落实，完善国家安全工作机制，着力在提高把握全局、谋划发展的战略能力上下功夫，不断增强驾驭风险、迎接挑战的本领。要加强国家安全系统党的建设，坚持以政治建设为统领，教育引导国家安全部门和各级干部增强"四个意识"、坚定"四个自信"，坚决维护党中央权威和集中统一领导，建设一支忠诚可靠的国家安全队伍。会议审议通过了《党委（党组）国家安全责任制规定》，明确了各级党委（党组）维护国家安全的主体责任，要求各级党委（党组）加强对履行国家安全职责的督促检查，确保党中央关于国家安全工作的决策部署落到实处[22]。2020年 2 月 14 日，习近平总书记在中央全面深化改革委员会第十二次会议上强调："要从保护人民健康、保障国家安全、维护国家长治久安的高度，把生物安全纳入国家安全体系，系统规划国家生物安全风险防控和治理体系建设，全面提高国家生物安全治理能力"。这个论述丰富了国家安全体系的内容要素，完善了国家安全体系的顶层设计，同时为维护国家生物安全明确了路径。在此基础上，我国已建立了包括政治安全、国土安全、军事安全、经济安全、文化安全、社会安全、科技安全、网络安全、生态安全、资源安全、核安全、海外利益安全、生物安全、太空安全、极地安全和深海安全在内的国家安全体系。

2023 年 5 月 30 日，习近平总书记主持召开二十届中央国家安全委员会第一次会议，习近平总书记在会上发表重要讲话强调，要全面贯彻党的二十大精神，深刻认识国家安全面临的复杂严峻形势，正确把握重大国家安全问题，加快推进国家安全体系和能力现代化，以新安全格局保障新发展格局，努力开创国家安全工作新局面。会议指出，中央国家安全委员会坚持发扬斗争精神，坚持并不断发展总体国家安全观，推动国家安全领导体制和法治体系、战略体系、政策体系不断完善，实现国家安全工作协调机制有效运转、地方党委国家安全系统全国基本覆盖，坚决捍卫了国家主权、安全、发展利益，国家安全得到全面加强。会议强调，当前我们所面临的国家安全问题的复杂程度、艰巨程度明显加大。国家安全战线要树立战略自信、坚定必胜信心，充分看到自身优势和有利条件。要坚持底线思维和极限思维，准备经受风高浪急甚至惊涛骇浪的重大考验。要加快推进国家安全体系和能力现代化，突出实战实用鲜明导向，更加注重协同高效、法治思维、科技赋能、基层基础，推动各方面建设有机衔接、联动集成。会议指出，要以新安全格局保障新发展格局，主动塑造于我有利的外部安全环境，更好维护开放安全，推动发展和安全深度融合。要推进维护和塑造国家安全手段方式变革，创新理论引领，完善力量布局，推进科技赋能。要完善应对国家安全风险综合体，实时监测、及时预警，打好组合拳。会议强调，国家安全工作要贯彻落实党的二十大决策部署，切实做好维护政治安全、提升网络数据人工智能安全治理水平、加快建设国家安全风险监测预警体系、推进国家安全法治建设、加强国家安全教育等方面工作。会议审议通过了《加快建设国家安全风险监测预警体系的意见》《关于全面加强国家安全教育的意见》等文件[23]。

国家安全体系发展经历了三个阶段。第一阶段提出总体国家安全观，通过了《中华人民共和国国家安全法》，为实现"两个一百年"奋斗目标和中华民族伟大复兴的中国梦提供安全保障。第二阶段提出必须坚持统筹发展和安全，建立了国家安全体系。第三阶段以新安全格局保障新发展格局，通过了《加快建设国家安全风险监测预警体系的意见》和《关于全面加强国家安全教育的意见》等文件。

5.5 小结

伴随着无人机和卫星互联网的广泛应用，电磁空间战略价值逐步凸显，传统地缘政治的权力角逐正辐射至电磁空间，成为主权国家之间竞争与合作的新疆域。在"两个大局"背景下，作者希望通过界定电磁空间安全与传统国家安全知识体系之间的关系，讲好我国电磁空间无线电安全故事，培养新时代无线电管理人才，促进无线电管理更好地服务于国家安全战略和经济社会发展，掌握未来电磁空间治理的主动权。

参考文献

[1] 陈德章，黄铭，杨晶晶. 无线电频谱价值研究[M]. 北京：科学出版社，2021.

[2] 石长城，夏旻. 俄乌军事冲突中俄军电子战的运用及启示[C]//第十一届中国指挥控制大会论文集. 2023.

[3] 李立欣，王大伟，安向阳，等. 无人机防控技术[M]. 北京：清华大学出版社，2021.

[4] 万显荣，易建新，占伟杰，等. 基于多照射源的被动雷达研究进展与发展趋势[J]. 雷达学报，2020，9（6）：939-958.

[5] KOZHAYA S, KANJ H, KASSAS Z M. Multi-Constellation Blind Beacon Estimation, Doppler Tracking, and Opportunistic Positioning with OneWeb, Starlink, Iridium NEXT, and Orbcomm LEO Satellites[J]. 2023 IEEE/ION Position, Location and Navigation Symposium （PLANS），2023.

[6] WITZE A. The Quest to Conquer Earth's Space Junk Problem[J]. Nature, 2018, 561(7721): 24-26.

[7] 汪春霆. 天地一体化信息网络架构与技术[M]. 北京：人民邮电出版社，2021.

[8] 朱辉，徐弘良. 针对卫星互联网的无线电监测手段初探[J]. 中国无线电，2020（9），30-34.

[9] HAO C, WAN X, FENG D, et al. Satellite-Based Radio Spectrum Monitoring:

Architecture, Applications, and Challenges[J]. IEEE Network, 2021, 35(4): 20-27.

[10]　薛文，胡敏，阮永井，等. 基于 TLE 的 Starlink 星座第一阶段部署情况分析[J].中国空间科学技术，2022，42（5）：24-33.

[11]　REN B, GE H, XU G, et al. Anti-Jamming Analysis and Application of Starlink System[C]//2023 International Conference on Networking, Informatics and Computing(ICNETIC). Palermo, Italy: IEEE, 2023: 149-151.

[12]　MA S, CHOU Y C, ZHAO H, et al. Network Characteristics of LEO Satellite Constellations: A Starlink-Based Measurement from End Users[C]//IEEE INFOCOM 2023 - IEEE Conference on Computer Communications. New York, USA: IEEE, 2023: 1-10.

[13]　HUMPHREYS T E, PETER A, KOMODROMOS Z M, et al. Signal Structure of the Starlink Ku-Band Downlink[J]. IEEE Transaction on Aerospace and Electronic Systems, 59(5), 6016-6030.

[14]　袁祎平，易建新，万显荣，等. 基于星链信标信号的多普勒定位方法与实验[J]. 系统工程与电子技术，2024，46（8）：2535-2545.

[15]　秦红磊，张宇. 星链机会信号定位方法[J]. 导航定位学报，2023，11（1）：67-73.

[16]　MAOYI Z, SHUIYING C, HUI Z. Feasibility of Starlink Transmissions for Passive Airborne Targets Detection[C]//2022 5th International Conference on Information Communication and Signal Processing（ICICSP）. Shenzhen, China: IEEE, 2022: 656-661.

[17]　JARDAK N, ADAM R. Practical Use of Starlink Downlink Tones for Positioning[J]. Sensors, 2023, 23(6): 3234.

[18]　GOMEZ-DEL-HOYO P, GRONOWSKI K, SAMCZYNSKI P. The STARLINK-based Passive Radar: Preliminary Study and First Illuminator Signal Measurements[C]//2022 23rd International Radar Symposium（IRS）. Gdansk, Poland: IEEE, 2022: 350-355.

[19]　NEINAVAIE M, KHALIFE J, KASSAS Z M. Acquisition, Doppler Tracking, and Positioning With Starlink LEO Satellites: First Results[J]. IEEE Transactions on Aerospace and Electronic Systems, 2022, 58(3): 2606-2610.

[20]　黄铭，汪明礼，杨晶晶. 无线电监管 App 开发与应用[M]. 北京：科学出版社，2021.

[21] 新华网. 习近平：坚持总体国家安全观　走中国特色国家安全道路 [EB/OL]. [2014-04-15].

[22] 新华社. 习近平主持召开十九届中央国家安全委员会第一次会议并发表重要讲话[EB/OL]. [2018-04-17].

[23] 新华社. 习近平主持召开二十届中央国家安全委员会第一次会议 [EB/OL]. [2023-05-30].

第 6 章

基于 AI 的无线电监管

人工智能具有特征提取、知识获取和知识推理能力，是科学研究方法的一次革命，目前已成为科学研究的第四范式——"数据密集型科学发现"。尤其是以 ChatGPT 为代表的 AI 大模型，比尔·盖茨对 AI 大模型的评价为"重要性不亚于互联网的发明，将改变我们的世界"。本章首先介绍机器学习、深度学习和 AI 大模型，然后讨论谱传感、基于图像处理的知识获取方法和无线电监管模型，最后介绍知识推理、知识问答、智能与智慧、智慧无线电监管、无线电监测数据集及其应用，目的是希望读者尽快掌握 AI 技术在无线电监管领域中的应用，促进无线电管理更好地支撑国民经济发展，服务国家电磁空间安全战略。

6.1　AI 基础

人工智能（Artificial Intelligence，AI）是研究、开发用于模拟、延伸和扩展人的智能的理论、方法、技术及应用系统的一门新的技术科学。AI 研究内容包括机器学习（Machine Learning）、深度学习（Deep Learning）和 AI 大模型（AI Large Models）。机器学习就是让计算机从数据中进行自动学习，以获得知识或规律；深度学习是学习样本数据的内在规律和表示层次，这些学习过程中获得的信息对文字、图像和声音等数据的解释有很大的帮助；AI 大模型学习数据中蕴含的特征和结构，最终模型被训练成具有逻辑推理和分析能力的人工智能，AI 大模型参数规模为千亿甚至万亿级。3 类 AI 模型最大的不同是模型参数和数据集规模不一样，机器学习、深度学习和 AI 大模型适用的数据集规模分别为 MB、GB 和 TB 数量级。可以这样说，"机器学习相当于本科生""深度学习相当于研究生""AI 大模型相当于博士生"，这体现了量变与质变的辩证关系。

6.1.1　机器学习

机器学习分为监督学习（Supervised Learning）和无监督学习（Unsupervised

Learning）两大类，相关的学习资料和算法案例见参考文献[1]。监督学习中数据带有一个附加属性，即我们想要预测的结果值，监督学习可用于解决分类（Classification）和回归（Regression）问题。在分类问题中，样本属于两个或更多个类，我们想从已经标记的数据中学习如何预测未标记数据的类别，通常把分类视作监督学习的一个离散形式（区别于连续形式），目的是从有限的类别中给每个样本贴上正确的标签。如果期望的输出由一个或多个连续变量组成，则该任务称为回归。无监督学习中训练数据由没有任何相应目标值的一组输入向量 x 组成，问题的目标可分为 3 类。第一类是在数据中发现彼此类似的示例所聚成的组，称为聚类（Clustering）；第二类是确定输入空间内的数据分布，称为密度估计；第三类是从高维数据投影中将数据空间缩小到二维或三维以进行数据可视化。详细内容可参考机器学习库 Scikit-learn。

（1）监督学习。

监督学习算法包括广义线性模型、线性和二次判别分析、内核岭回归、支持向量机、随机梯度下降、最近邻、高斯过程、交叉分解、朴素贝叶斯、决策树、集成方法、多类和多标签算法、特征选择、半监督学习、等式回归、概率校准和神经网络模型（有监督）等。下面以 FM 频段（87～108 MHz）频谱数据为例，采用 K-means 聚类算法计算无线电频率占用情况。频谱数据于 2023 年 5 月 3 日 15：20 至 2023 年 5 月 4 日 16：30 在云南大学东陆校区科学馆 508 室阳台上采集，约 1 分钟采集一次，累计 1300 组数据，共 35 MB，每组数据以字典的格式保存为 json 文件，包括频率、幅度和采集时间三个字段。计算步骤如下。

① 对于给定的一组频谱数据，随机初始化 K 个聚类中心（簇中心）；② 计算每个数据到簇中心的距离（一般采用欧氏距离），并把该数据归为离它最近的簇；③ 根据得到的簇，重新计算簇中心；对步骤②和步骤③进行迭代直至簇中心不再改变或者小于指定阈值。图 6.1 为 K-means 聚类计算结果，聚类中心的坐标分别为（96.43 MHz，-64.89 dBm）和（98.12 MHz，-91.31 dBm）。根据聚类中心，选择判决门限即可计算无线电频率占用情况。

（2）无监督学习。

无监督学习算法包括高斯混合模型、流形学习、聚类、双聚类、分解成分中的信号（矩阵分解问题）、协方差估计、新奇点和离群点检测、密度估计和神经网络模型（无监督）等。采用层次聚类（Hierarchical Clustering）OTSU 算法计算无线电频率占用情况，层次聚类计算结果如图 6.2 所示。与 K-means 聚类算法相比，OTSU 算法可以自动寻找门限电平，适用于噪声起伏或不平坦的情况。

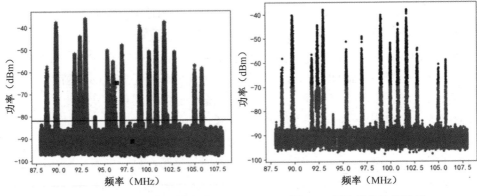

图 6.1 *K*-means 聚类计算结果   图 6.2 层次聚类计算结果

表 6.1 为 87～108 MHz 频段 FM 广播电台 24 小时频道平均占用度统计结果。由表可见，有 7 个频道的平均占用度为 100%，原因是这些频道 24 小时广播，晚上也不停播。表中的相似度计算方法将在本章 6.2.2 节介绍。

表 6.1 FM 广播 24 小时频道平均占用度统计

频道（MHz）	频道平均占用度（%）			
	K-means	OTSU	国标法	相似度计算
88.6～88.8	82.00	82.69	82.46	81.21
89.7～89.9	**100.00**	**100.00**	**100.00**	**100.00**
91.7～91.9	**99.85**	**100.00**	**100.00**	**100.00**
92.3～92.5	81.62	81.62	81.62	79.52
92.3～92.5	81.62	81.62	81.62	81.54
92.9～93.1	**100.00**	**100.00**	**100.00**	**100.00**
95.3～95.5	**100.00**	**100.00**	**100.00**	**100.00**
96.9～97.1	86.46	86.46	86.46	88.00
98.9～99.1	81.92	81.92	81.92	81.28
99.9～100.1	81.69	81.69	81.69	81.59
100.7～100.9	**100.00**	**100.00**	**100.00**	**100.00**
101.6～101.8	86.46	86.46	86.46	87.89
102.7～102.9	**100.00**	**100.00**	**100.00**	**100.00**
104.9～105.1	**97.08**	**100.00**	99.77	**100.00**
105.7～105.9	79.00	81.54	81.54	81.21

6.1.2 深度学习

（1）神经网络。

神经网络包括生物神经网络和人工神经网络两大类。生物神经网络指生物的大脑神经元、细胞、触点等组成的网络，用于产生生物的意识，帮助生物进行思考和行动。人工神经网络（Artificial Neural Networks，ANN），简称神经网络或连接模型（Connection Model），是一种模仿动物神经网络行为特征进行分布式并行信息处理的算法数学模型，它通过调整内部大量节点之间相互连接的关系，从而达到处理信息的目的。在神经网络中，神经元（Neuron）是构成神经网络的基本单元，其主要目的是模拟生物神经元的结构和特征，接收一组输入信号并产生输出，典型神经元的结构如图 6.3 所示。1943 年美国心理学家沃伦·麦卡洛克（Warren McCulloch）和数学家沃尔特·皮茨（Walter Pitts）提出 M-P 神经元模型，现代神经网络中神经元和 M-P 神经元的结构并无太多变化，不同的是，M-P 神经元中的激活函数是 f 为 0 或 1 的阶跃函数，而现代神经元的激活函数通常要求是连续可导的函数[2]。

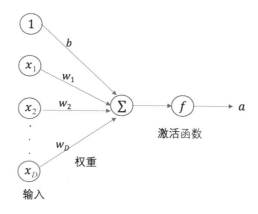

图 6.3　典型神经元的结构

假设一个神经元接收 D 个输入 x_1，x_2,…，x_D，令向量 $\boldsymbol{x} =[x_1$，x_2,…，$x_D]$ 表示这组输入，并用净输入（Net Input）$z \in \mathbb{R}$ 表示一个神经元所获得的输入信号 $\boldsymbol{x}$ 的加权和，即

$$z = \sum_{d=1}^{D} w_d x_d + b = \boldsymbol{w}^{\mathrm{T}} \boldsymbol{x} + b \tag{6.1}$$

式中，$\boldsymbol{w} =[w_1$，w_2,…，$w_D] \in \mathbb{R}^D$ 是 D 维的权重向量，$b \in \mathbb{R}$ 是偏置。净输入 z 在经过一个非线性函数 $f(\cdot)$ 后，得到神经元的活性值（Activation）a，且 $a = f(z)$，其中非线性函数 $f(\cdot)$ 称为激活函数（Activation Function）。激活函数在神经元中非常重要，常见的激活函数包括 Sigmoid 型函数、Tanh 函数、Hard-Logistic 函数、Hard-Tanh 函数、ReLU 函数和 Swish 函数等。

单一神经元的功能远远不够，需要很多神经元一起协作来完成复杂的功能，这样通过一定的连接方式或信息传递方式进行协作的神经元集群就构成了神经网络。目前常见的神经网络结构包括前馈网络、记忆网络和图网络，前馈网络中各个神经元按接收信息的先后分为不同的组，每一组可以看作一个神经层，每一层中的神经元接收前一层神经元的输出，并输出到下一层神经元，整个网络中的信息朝一个方向传播，没有反向的信息传播，前馈网络的典型代表是前馈神经网络（Feedforward Neural Network，FNN）、多层感知机（Multi-Layer Perception，MLP）和卷积神经网络（Convolutional Neural Networks，CNN）。记忆网络，也称反馈网络，网络中的神经元不但可以接收其他神经元的信息，也可以接收自己的历史信息，与前馈网络相比，记忆网络中的神经元具有记忆功能，在不同的时刻具有不同的状态，记忆神经网络中的信息传播可以单向或双向传递，记忆网络的典型代表是循环神经网络（Recurrent Neural Network，RNN）、长短期记忆（Long Short-Term Memory，LSTM）网络、Hopfield 网络、玻尔兹曼机（Boltzmann Machine，BM）。图网络是定义在图结构数据上的神经网络，图中每个节点都由一个或一组神经元构成，节点之间的连接可以是有向的，也可以是无向的，每个节点可以收到来自相邻节点或自身的信息，图网络是前馈网络和记忆网络的泛化形式，包含很多不同的实现方式。

最简单的神经网络为单层前馈神经网络，其只包含一个输出层，输出层上节点（神经元）的值（输出值）通过输入值乘以权重值直接得到。取出其中一个神经元进行讨论，其输入到输出的变换关系为

$$z_j = \sum_{i=1}^{n} w_{ji} x_i - \theta_j \tag{6.2}$$

$$y_j = f(z_j) = \begin{cases} 1, & z_j \geqslant 0 \\ 0, & z_j < 0 \end{cases} \tag{6.3}$$

在式（6.2）中，$\boldsymbol{x} = [x_1, \ x_2, \cdots, \ x_n]^{\mathrm{T}}$ 是输入特征向量，w_{ji} 是 x_i 到 y_i 的连接权值，在式（6.3）中，输出量 $y_j (j = 1, \ 2, \cdots, \ m)$ 是按照不同特征的分类结果。

多层前馈神经网络有一个输入层，中间有一个或多个隐藏层，有一个输出层，多层前馈神经网络结构如图 6.4 所示。多层前馈神经网络中的输入与输出变换关系为

$$z_i^{(q)} = \sum_{j=0}^{n_{q-1}} w_{ij}^{(q)} x_j^{(q-1)}, \quad (x_0^{(q-1)} = \theta_i^{(q)}, \ w_{i0}^{(q-1)} = -1) \tag{6.4}$$

$$y_j^{(q)} = f(z_j^{(q)}) = \begin{cases} 1, & z_j^{(q)} \geqslant 0 \\ 0, & z_j^{(q)} < 0 \end{cases} \tag{6.5}$$

这时每一层相当于一个单层前馈神经网络，如对第 q 层，它形成一个 n_{q-1} 维的超平面。它对于该层的输入模式进行线性分类，但是由于多层的组合，最终可以实现对输入模式的较复杂的分类，并取得不错的分类精度。

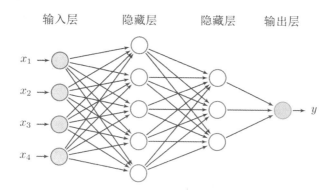

图 6.4　多层前馈神经网络结构

在多层前馈神经网络的基础上，科学家发现，增加隐藏层的数量并采用反向传播算法构建的深度神经网络（Deep Neural Network，DNN）可以发现海量数据中的结构特征，从而发展起深度学习方法。简单来说，深度学习就是一种特征学习方法，通过叠加神经网络进行大量非线性变换学习数据更高层次的特征，以解决复杂的问题。Keras 深度学习 API[3]提供了许多学习案例。深度学习是解决图像语义分割问题的强有力方法，深度学习的基础模型是 DNN。DNN 由多层不同数目的神经元组成，通过误差梯度下降算法进行模型参数的更新，可以拟合十分复杂的目标函数。由于图像中的部分局部信息是固定的，科学家将具有拟合能力的 DNN 与图像处理方法相结合构建了卷积神经网络（CNN）。CNN 作为计算机视觉深度学习任务中最重要的发明之一，已取代了许多传统计算机视觉算法，对一些简单问题的处理甚至已经超越了人类的平均水平。下面首先介绍 CNN，然后讨论基于像素的语义分割方法。

（2）卷积神经网络。

卷积神经网络架构如图 6.5 所示，它由卷积层（Convolutional Layer）、池化层（Pooling Layer）、全连接层（Fully Connected Layer）和输出层（Output Layer）等组成，卷积层和池化层可以看成是一个典型组件的叠加重复使用，从而增加卷积神经网络的深度。该网络示意了识别男人和女人的过程，其中人脸图片为彩色，R、G、B 3 通道数据通过卷积计算得到 4 通道数据，这些数据经过池化层、全连接层和输出层，最后识别出男人和女人。在 CNN 中，卷积层的作用是完成卷积计算，计算过程如图 6.6 所示，目的是进行图像特征提取。在上述示意计算中，输入图像大小、卷积核大小和移动步长分别为 5×5、3×3 和 1，卷积计算后的输出图像特征矩阵为[4，3，4；2，4，3；2，3，4]，CNN 通过响应有限视野内的输入和卷积核权值共享降低网络模型的复杂性。卷积层后面一般紧跟激活层，通过激活函数 $f(\cdot)$ 对卷积计算后的数据进行非线性变换，激活函数的选择在 CNN 训练中起到关键作用。CNN 中池化层的作用是完成池化计算，计算过程如图 6.7 所示，目的是进行数据下采样、滤波或降维。CNN 中池化层位于卷积层之间，目的是对卷积层中的特征进行压缩，是特征提取从特殊到一般的过程。一方面，池化减少了参数，起到了降低维度的作用。同时，池化降低了计算复杂度，防止发生过拟合。另一方面，池化在一定程度上提高了模型的泛化能力，可以更好地对图像进行分辨。池化层减小了特征图的大小，但不改变特征图的数目。在上述示意计算中，采用了最大池化，图中共有两个输入特征图通道，池化核大小为 2×2，4×4 的输入矩阵被降到 2×2，图像通道数不变。除最大池化外，还有平均池化、均值池化、随机池化和金字塔池化等。最大池化保留图像的纹理特征，平均池化保留整体的数据特征。图 6.8 给出了全连接层与全连接神经网络示意，图中前一层网络的每个神经元与下一层网络的所有神经元均连接。在 CNN 模型中，全连接层一般出现在网络的最后几层中，用于对前面提取到的特征做加权处理。全连接层将经过卷积层和池化层学到的"分布式特征空间"映射到"样本标记空间"。在全连接层之前，可以引入随机丢弃（Dropout）随机删除部分神经元或引入非线性层进行局部归一化操作来增加网络的鲁棒性。在分类任务中，为了输出每个类别的概率，最后一个连接层通常采用 Softmax 函数进行分类。

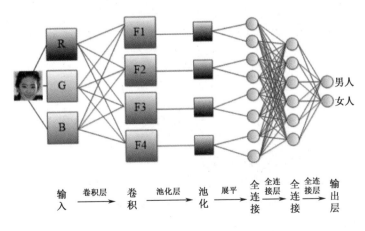

图 6.5　卷积神经网络架构

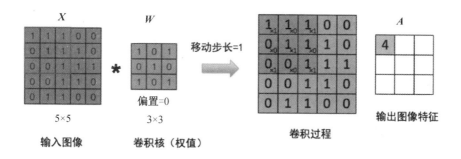

图 6.6　卷积计算过程

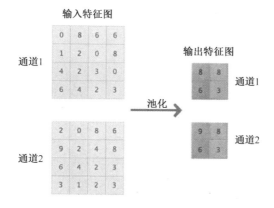

图 6.7　池化计算过程

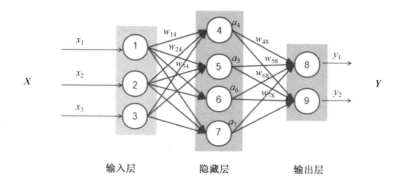

图 6.8　全连接层与全连接神经网络示意图

卷积神经网络具有局部感知、权值共享和仿射不变性（平移、缩放、旋转等线性变换）等特征。局部感知表示 CNN 仅响应有限视野内的输入；权值共享能有效减少参数数量，降低 CNN 模型的复杂性；仿射不变性表示 CNN 具有平移、缩放和旋转不变性等特征，这使得 CNN 比传统人工设计的特征更加健壮。
图 6.9 给出了卷积层和池化层叠加重复使用时 CNN 的外部和内部行为说明，外
部行为是输入图像的输出预测类别，内部行为将通过可视化由每一层构建的表
示空间和保存在每一层中的视觉信息来探测。由图可见，卷积层 1 用于提取输
入图像的轮廓特征，卷积层 2、3 去除输入图像的背景特征，卷积层 4 获得识别
对象的高层次表达"眼睛和鼻子"。卷积神经网络的出现，大幅提升了图像分
类任务的准确率。但限于当时计算机运算能力的限制，无法开展进一步的研究。
最近由于 GPU 的高速发展，计算能力得到了保障，卷积神经网络进入了高速发
展期，一系列不同结构和不同深度的卷积神经网络被设计出来，如 AlexNet、
VGGNet、GoogleNet、ResNet、DenseNet 和 SENet 等，并且在计算机视觉领域
的分类任务中取得了非常优异的性能表现。

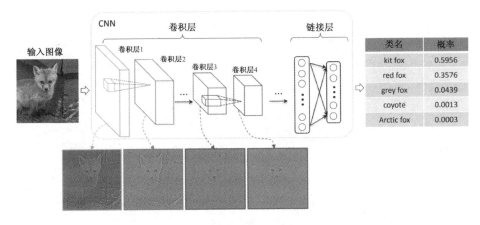

图 6.9　CNN 的外部和内部行为说明[4]

小提示 1：第四范式

2007 年 1 月，詹姆斯·格雷（James Gray）在美国加利福尼亚州山景
城召开的 NRC-CSTB（National Research Council-Computer Science and
Telecommunications Board）会议上，发表了他的著名演讲：《科学方法的一
次革命》。在这篇演讲中，詹姆斯·格雷认为，科学研究除了实验范式、理
论范式和仿真范式之外，新的信息技术已经促使新的范式出现——"数据
密集型科学发现"（Data-Intensive Scientific Discovery）。

小提示 2：反向传播算法

反向传播算法（Back Propagation）是迄今为止最成功的神经网络学习算法，推导过程见参考文献[5]。简单理解，如果没有反馈，神经网络就不能自动调整神经元之间的连接权值，网络就不能被优化。没有规矩不成方圆，神经网络优化的规矩包括最小平方误差准则、交叉熵最小准则和最大似然估计等。

（3）基于像素的语义分割方法。

在全卷积神经网络提出之前，基于深度学习的图像语义分割是直接通过普通卷积神经网络实现的，它将原始图像的每个像素点和周围部分像素点组成的子图像块作为网络输入来实现像素分类目标，即基于区域分类的语义分割模型。该方法存在内存资源占用高、计算效率低、区域划分困难和感受野大小受限等问题。为了解决这些问题，2015 年文献[6]提出了全卷积神经网络（Fully Convolutional Networks，FCN），由于语义分割性能好，该模型已成为图像语义分割的基准方法。随后，基于 FCN 的编码-解码结构语义分割方法、基于 FCN 的扩展卷积语义分割方法、基于 FCN 的 GAN 语义分割方法和基于 FCN 的轻量级语义分割方法相继被提出，并得到了广泛应用[7]。

在 CNN 模型中，最后的卷积层将特征向量输入全连接层，全连接层将二维特征图根据分类目标的数量向有利于分类的特征向量转换映射，但是这样的特征结果输出时会忽略目标物体的细节和空间信息，很难实现精准定位与识别。为了解决这个问题，相关研究人员通过对 CNN 的全连接层进行改进，使用卷积层进行替换，形成如图 6.10 所示的 FCN 模型。结果表明，这一改进实现了端到端、像素级分类任务，识别精度从原来的 40% 提升到 90% 多，识别效果超过了人类的平均水平。FCN 整体结构分为全卷积和反卷积两部分，全卷积部分借用经典的 CNN 并把最后的全连接层换成了 1×1 卷积，用于提取特征以形成热图（Heatmap），反卷积部分则是将小尺寸的热图上采样（Upsampled）得到原尺寸的语义分割图像。图 6.11 为 FCN 模型结构，FCN 的全卷积由 6 组卷积和 5 个池化层进行下采样，每经过一个池化层，图像缩小一半，池化 5 后得到图像尺寸为原来的 1/32、分辨率越来越低、特征越来越抽象的热图。在反卷积阶段通过扩大 32 倍、16 倍或 8 倍，得到与输入尺寸相同的结果图，考虑到最终图像的分割质量，使用了跳跃结构（Skip）进行特征融合。图 6.12 为 FCN 模型的效果对比,可见特征融合后的 8 倍还原效果明显好于 32 倍直接还原的效果,说明跳跃结构对图像细节信息的恢复起了很大作用。这是因为较浅卷积层的感受野比较小,其感知细节部分能力强,所以在较深的卷积层上直接反卷积还原会丢失许多细节特征,得到的结果图比较粗糙。

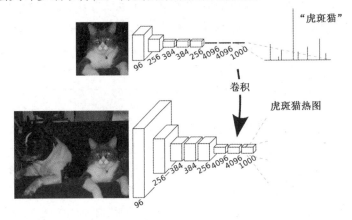

图 6.10 FCN 模型

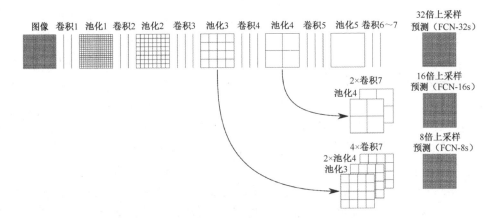

图 6.11 FCN 模型结构

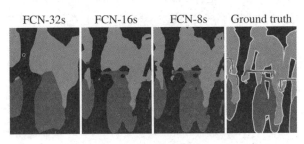

图 6.12 FCN 模型效果对比

由于 FCN 采用独立像素进行分类，没有充分考虑像素与像素之间的关系，缺乏空间一致性，模型对图像细节不够敏感，得到的结果不够精细。为了解决这类问题，文献[8]提出了一种基于 FCN 的编码-解码的 U-Net 语义分割网络结构，如图 6.13 所示。

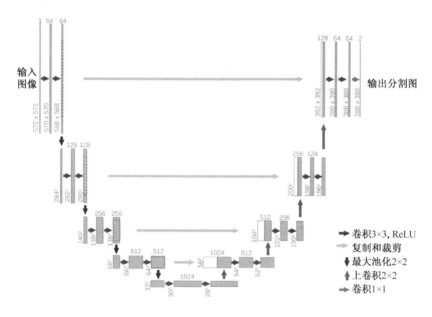

图 6.13　U-Net 语义分割网络结构

在编码器（Encoder）模块中使用卷积、池化等操作编码被捕获像素的位置信息和图像特征，解码器（Decoder）模块使用反卷积、上池化等操作对特征图进行上采样，还原特征图大小。U-Net 由左半边的编码通道和右半边的解码通道组成，形状似字母"U"，故以此命名。网络中前 5 个模块为编码器，后 4 个模块为解码器。每个编码器模块都是由 2 个卷积层（3×3 卷积核）和 1 个最大池化层（2×2 最大池化核）完成特征提取；每个解码器模块中的卷积块依次为反卷积（2×2 卷积核）和卷积（3×3 卷积核）、卷积（3×3 卷积核）来恢复图像尺寸。图中灰色箭头表示对称层的合并，即通过跳跃连接的方式分别将对应层级的粗细特征融合，这使得解码器模块中的每一层都可以保留更多高分辨率的细节信息，以提高图像分割精度。U-Net 融合了编码-解码结构和跳跃网络的特点，在模型结构上更加优雅巧妙，主要体现在两方面。一方面，U-Net 模型是一个编码-解码结构，压缩通道是一个编码器模块，用于逐层提取图像特征，扩展通道是一个解码器模块，用于还原图像位置信息。另一方面，U-Net 模型的"U"形结构让裁剪和拼接过程更加直观、合理，高层特征图与低层特征图的拼接及卷积的反复、连续操作，使得模型能够从上下文信息和细节信息中组合得到更加精确的输出特征图。U-Net 网络最初应用于医学图像处理问题，后由于其优异的效果，逐渐被应用到其他语义分割任务中，至今已衍生出许多基于 U-Net 的分割模型。

除 FCN 和 U-Net 模型（反卷积+跳跃结构）外，还出现了许多用于解决特定问题的语义分割模型。例如，同样是基于编码-解码结构，SegNet 模型通过采用池化索引得到密集化的特征图；DeconvNet 模型在上采样时将反卷积与上池化结合提高图像的分割精度。基于扩展卷积方法，Google 团队提出了 DeepLab 系列模型，该模型在不增加参数的条件下扩大了感受野，有助于图像分割效率和精度的提升。然而 DeepLab 模型层数较深，在复杂场景下语义分割收敛速度慢；没有融合通道和空间像素的特征信息，对于物体间相互遮挡场景下的目标边缘分割不够精确；对于天空、平面和建筑这类大尺度目标，分割结果在物体目标内部存在孔洞缺陷。为了解决这类问题，Semi-GAN 模型被提出，该模型通过构造全卷积的辅助对抗网络，一方面可以将无标签样本用于对模型的训练，实现半监督语义分割；另一方面通过设计端到端的全卷积对抗网络，进一步提升了高分辨遥感图像的分割精度。针对移动应用场景需求，SqueezeNet、MobileNet 和 EfficientNet 等轻量化模型被提出。

6.1.3　AI 大模型

AI 大模型作为当前最热门的技术，引起了学术界和工业界的广泛关注。目前，以生成式预训练变换模型（Generative Pre-trained Transformer，GPT）为代表的模型参数规模逐步提升至千亿甚至万亿级，训练数据量级也大幅提升，随之带来了模型能力的显著提高，掀起了 AI 大模型的研究热潮。本节介绍 AI 大模型的发展概况、Transformer 和核心技术，以及 AI 大模型的发展趋势。

（1）AI 大模型的发展概况。

AI 大模型也称人工智能预训练模型，它将海量数据导入具有亿量级参数的模型中，然后模型通过完成类似"完形填空"的任务，学习数据中蕴含的特征、结构，最终模型被训练成具有逻辑推理和分析能力的人工智能[9]。

2017 年，"Transformer 八子"发表了题为 *Attention is All You Need* 的重磅论文[10]，提出了"自注意力"这一革命性的概念。自注意力成为 Transformer 模型的核心部分。如今 Transformer 不仅嵌入谷歌搜索和谷歌翻译，而且驱动着包括

ChatGPT 和 Bard 在内的几乎所有大型语言模型。2018 年，OpenAI 公司提出了 GPT-1 模型，真正意义上实现了预训练-微调（Pretrain-Finetune）的框架，达到了领域专家的水平。针对 GPT-1 模型不具有通用性的问题，2019 年，OpenAI 提出了 GPT-2 模型，该模型的核心是提升了模型的容量和数据多样性，让语言模型能够达到解决任何任务的水平。2020 年，OpenAI 在 GPT-2 的基础上进一步提出了 GPT-3 模型，参数量达到 1750 亿，该模型在许多自然语言处理（Natural Language Processing，NLP）数据集上都有很好的表现。在各种场景中，GPT-3 可以写文章、故事，还可以进行多轮对话、写代码、做表格、生成图标等，具有非常可观的商业价值。2022 年 11 月 30 日，Open AI 发布 GPT-3.5，并向公众推出，本质上它是一个通用聊天机器人。2023 年 3 月 14 日，GPT-4 发布，这是 OpenAI 推出的具有强大的图像和文本理解能力的 AI 大型语言模型，可供付费的 ChatGPT Plus 用户通过公共 API 使用。国内的 AI 大模型研发起步虽然比国外晚，但是发展却异常迅速。2021 年 4 月，华为云联合循环智能发布盘古超大规模预训练语言模型，参数规模达 1000 亿。同年，北京智源人工智能研究院发布了超大规模智能模型"悟道 2.0"，参数规模达到 1.75 万亿；百度推出 ERNIE 3.0 Titan 模型，参数规模达 2600 亿；阿里巴巴达摩院的 M6 模型参数规模达到 10 万亿，将大模型参数直接提升了一个量级。随后，AI 大模型火爆全网。2023 年 8 月 31 日，国内第一批通过审核的 AI 大模型正式上线，包括百度（文心一言）、抖音（云雀大模型）、智谱 AI（ChatGLM 大模型）、中国科学院（紫东太初大模型）、百川智能（百川大模型）、商汤（日日新大模型）、MiniMax（ABAB 大模型）和上海人工智能实验室（书生通用大模型）。

（2）Transformer 和核心技术。

Transformer 模型架构如图 6.14 所示，它由多个编码器和解码器叠加而成，其中编码器和解码器均采用了基于自注意力的模块，其输入分别是源序列和目标序列的嵌入表示加上位置编码（Positional Encoding）。编码器有多头自注意力（Multi-head Self-Attention，MSA）和基于位置的前馈网络（Positionwise Feed Forward，PFF）两个子层，MSA 子层利用自注意力机制学习源句之间的内部关系；PFF 子层是简单的全连接网络，对每个位置的向量分别进行相同的操作，包括两个线性变换和一个 ReLU 激活函数。每个子层都采用了残差连接（Residual Connection），紧接着进行层归一化（Layer Normalization）。这里的编码过程是并行计算的，相比于原来的编码器-解码器模型，极大地提高了计算效率。解码器中有 3 个子层，分别为两个 MSA 层和一个 PFF 层。最下面的掩码多头注意力（Masked Multi-head Attention）层利用自注意力机制学习目标句之间的内部关系。最后，将掩码多头注意力层的输出和编码器的结果一起输入第2个多头自注意力（Multi-head Attention）层，用来学习源句与目标句之间的关系。Transformer 模型有效解决了长时依赖问题，增大了模型的并行性，在多个任务中取得了很好的效果，在学术界、工业界被广泛使用，为 GPT 和 BERT 模型的提出奠定了基础。

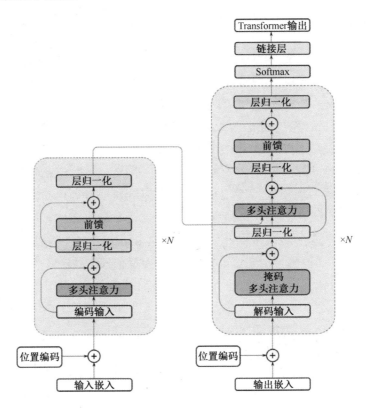

图 6.14　Transformer 模型架构

正如 Transformer 模型发布者的论文题目所表达的意思一样，"注意力就是你所需要的一切"。自注意力机制是一种将单个序列的不同位置关联起来以计算同一序列表示的注意力机制。通过引入自注意力机制，模型可以捕获同一个句子中单词之间的一些句法特征或者语义特征，同时也更容易捕获句子中长距离的相互依赖的特征。因此，自注意力机制是 Transformer 模型的核心技术，感兴趣的读者可参阅文献[10]，这篇论文在发表后的 5 年内被引用超过 10 万次，是学术界的一个奇迹。

　　Transformer 虽然强大，但核心注意力层是无法扩展到长期上下文的。2023 年 12 月 1 日，美国学者发布了 Mamba 模型[11]，这种 SSMs（Structured state Space Models）架构在语言建模上与 Transformers 不相上下，而且还能线性扩展，同时具有 5 倍的推理吞吐量！论文作者表示，注意力机制对于信息密集型模型是必不可少的，但现在再也不需要了！我们期待 Mamba 模型的推广应用！2023 年 12 月 6 日，谷歌推出多模态模型 Gemini，宣称其已经超越了 OpenAI 的 GPT-4，甚至在大规模多任务语言理解（Massive Multitask Language Understanding，MMLU）基准测试中，成为第一个超越人类专家的模型。

　　（3）AI 大模型的应用领域。

　　AI 大模型应用广泛，目前公认的应用领域包括金融、出行、物流、电商、工业设计、智慧工厂、医疗健康和教育等。目前国内外已推出许多基于大模型的 AI 应用，例如，AI 学习助手、语言学习应用、历史知识学习应用、西湖大模型、百度文心大模型和华为盘古大模型等，如表 6.2 所示。

表 6.2　基于大模型的 AI 应用

AI 应用	开发机构
AI 学习助手（Khanmigo 等）	可汗学院（Khan Academy）、chegg、EMBIBE
语言学习应用	多邻国
历史知识学习应用	Hello History
西湖大模型	西湖心辰（杭州）科技有限公司
百度文心大模型	北京百度网讯科技有限公司
华为盘古大模型	华为技术有限公司

　　其中，西湖大模型具有 AI 绘画、AI 写作、AI 对话和行业定制大模型等功能。Khanmigo 是 Khan Academy 基于 GPT-4 推出的 AI 学习助手，提供个性化辅导，是专为个人定制的 AI 老师。AI 学习助手的核心特色是它并不直接提供答案，而是通过提出开放性问题的方式与用户互动；融入课堂作业和学习过程中，通过解决各种个性化问题，如学习数学、构思故事、学习编程等，帮助学生深入理解知识；鼓励学生主动思考，通过互动提高他们的学习效果。华为盘古大模型汇聚了华为在数据通信领域的超过 200 亿条语料（如配置项，命令行等）和 3 万多名网络专家的经验，具有强大的语义理解能力和专业知识，支持知识问答、交互式的业务分析与辅助决策等。

6.2 谱传感与知识获取

互联网的本质是"链接",链接人与人,链接人与物,链接人与整个社会。由于无线电监测属于非厄米物理(Non-hermitian Physics)问题,复杂电磁环境下发射源与接收信号之间没有简单的因果关系。因此,通过图论建立无线电监管模型,并采用谱传感和 AI 方法获取无线电管理知识是实现智慧无线电监管的前提。

6.2.1 谱传感

(1)谱传感基本概念。

学术界最早将"谱传感"定义为寻找无线电"频谱空洞"的方法,并基于这一思想发展了认知无线电理论和技术。认知无线电技术在提高了无线电频谱利用率的同时,也可能增加了无线电管理的复杂性。由于无线电管理的目标不是寻找"频谱空洞",而是发现无线电信号,并通过综合手段进行发射源定位和合规性检验,即解决电磁空间中无线电信号是什么类型、在哪里、是否合规等关键共性问题。同时,由于无线电监测系统是在开放电磁空间中运行的,无线电信号在传播过程中经历了能量损伤、波形损伤和信息损伤,属于非厄米物理系统范畴。为了解决这些问题,专著[12]定义了无线电监测领域"谱传感"的概念,并探讨了知识驱动的无线电监管方法。例如,目前广泛采用的空间谱估计和 TDOA 等方法,适用于视通(Line of Sight,LOS)环境,但在非视通(Non Line of Sight,NLOS)环境下测量结果不准确,新的测量原理有待建立。

(2)基于谱传感的多维数据获取方法。

无线电监测技术设施主要通过天线、接收机和测向设备获取被监测无线电信号的技术特征,包括信号的频谱、信号类型、信号传播方向和发射源位置等。随着无线电应用的发展,新的无线电信号发射技术不断涌现,如跳频、扩频和 MIMO(Multiple-Input Multiple-Output)等,因此目前无线电监测技术设施获取空域、码域和变换域等其他数据信息的能力亟待提高。同时,无线电行政管理涉及大量的文本、PDF 文件、视频、音频和多媒体数据,如何将监测数据和管理数据进行融合是一个重要的问题。论文[13]定义的谱传感正是将人获取知识转变为监测技术设施直接获取知识的方式，通过获取多维数据助力无线电管理机构完成自身的监管职能。按照无线电管理要求，定义和量化完备的传感参数数据集，通过谱传感获取多维数据，挖掘提取出决策所需的完整的知识体系，进而支撑无线电监管和科学决策。这将切实推进无线电监测技术设施智能化和智慧化水平，大大提高无线电监管效率。利用谱传感提取多维数据和无线电监管知识辅助决策支撑的方法如图 6.15 所示。

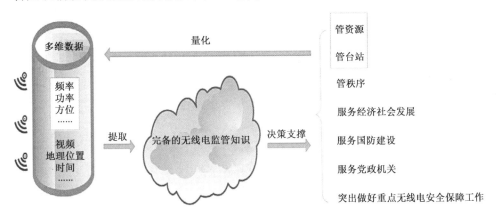

图 6.15　利用谱传感提取多维数据和无线电监管知识辅助决策支撑的方法

多维数据是指包含多个维度的数据，维度可以理解为数据的属性或特征，例如，时间、频率、空间、码等维度的数据，多维数据可以是异构数据。随着互联网应用的发展，多维数据的概念渐渐被多模态数据概念所覆盖。多模态数据是指对于同一个描述对象，通过不同领域或视角获取到的数据，并且把描述这些数据的每一个领域或视角叫作一个模态。多模态用来表示不同形态的数据形式，或者同种形态不同的数据格式，一般表示文本、图片、音频、视频和混合数据。随着多模态相关研究的深入，多模态信号数据处理、多模态网络与通信和多模态大模型等研究方向相继发展起来。由于多模态数据是从不同的角度看待同一个对象，因此可以全面表征同一对象的特征。基于谱传感的多维数据获取方法的目标就是得到多模态数据。与从互联网中获得多模态数据相对容易不同，术语"谱传感"暗示无线电监测领域获取数据的艰辛，例如，GNSS 信号从频域的角度很难进行欺骗和干扰监测,但从通信域的角度相对就容易得多，详细内容见 6.5.2 节。为了避免名词术语混淆，本书中讨论数据获取时采用谱传感术语，强调数据处理时采用多模态术语。

> **小提示 3：链接**
>
> 术语"链接"，在通信中表示设备之间通过数据链路层和 TCP/IP 协议链接；在互联网中指网页通过超链接的方式将一个文本、图片或按钮与另一个文本、图片或按钮连接起来的方式。链接是网络世界中最基本的元素，也是互联网通信的核心技术之一。

> **小提示 4：非厄米物理**
>
> 量子力学所描述的系统通常是独立且与外界没有相互作用的理想系统，这就要求哈密顿量为厄米算符，以保证系统随时间演化的幺正性及能谱的完全实数性。20 世纪 90 年代，科学家发现具有宇称-时间反演（PT）对称性的非厄米算符依然可以具有完全实数的能谱，前述结论被推翻。随后很多研究者发现了非厄米系统中独有的奇异点、PT 对称相变、几率振荡等新奇物理现象；非厄米物理广泛存在于光学、声学、无线电波、冷原子、凝聚态体系等物理（开放空间）系统中，相关研究成果不仅具有重要的学术价值，同时也在一定程度上引领了未来科技进步的方向。

（3）基于谱传感的工程案例介绍。

传统上，无线电监测技术设施主要用来监测无线电频谱，数据来源和数据处理手段相对单一，制约了无线电监管效能的发挥。例如，上海市无线电监测站韩国骅介绍了上海地区"黑广播"监测现状，通过固定监测站对广播节目进行人工监听仍然是发现调频广播业务中"黑广播"的主要途径[14]。为了探索这类问题的解决方案，我们开发了基于谱传感的"黑广播"监测系统[15]、民用航空无线电监测系统[16]和边海无线电监测系统[12]。在"黑广播"监测系统中，实现了频谱数据、监测节点地理位置数据、广播电台计划播出时间数据和音频声学特征数据的融合；在民用航空无线电监测系统中，实现了频谱数据、监测节点地理位置数据、飞机空间位置数据和 ADS-B 数据的融合；在边海无线电监测系统中，实现了频谱数据、视频、电波传播和公众移动通信基站数据等的融合。下面简要介绍基于谱传感的"黑广播"监测系统。

在基于谱传感的"黑广播"监测系统中，首先，FM 广播监测节点自动循环采集 87～108 MHz 频段所有频道 FM 广播的音频信号，每个频道记录存储 30 s 的音频文件；然后依次提取这些音频文件的声学特征，包括梅尔频率倒谱系数

（Mel-Frequency Cepstral Coefficients，MFCC）、梅尔标度滤波器组（Mel-scale Filter Bank，FBank）、移位差分倒谱参数（Shifted Delta Cepstral，SDC）、过零率（Zero Crossing Rate，ZCR）和感知线性预测（Perceptual Linear Prediction，PLP），同时采用深层卷积网络（Deep Convolutional Neural Networks，DCNN）对音频文件进行分类和识别；最后监测节点将音频文件分类和识别结果传送到云端服务器进行统计处理，达到了用 AI 取代人工监听的目的。

FM 广播音频信号和噪声的声学特征如图 6.16 所示，可见从声学模态观察将它们分开是非常容易的，工程实践表明，识别率大于 99%。FM 广播监测系统主界面如图 6.17 所示，主要功能区包括主功能显示区、节点分布区、台站数据库区和广播时间统计区。主功能显示区显示监测节点的地理位置和分布，通过鼠标点击监测节点即可弹出相应的监测电台列表和广播时间统计图表，点击监测电台列表中的电台名称，即可收听电台播放的音频文件；监测节点分布区位于主界面左下方，通过点击对应的地市名称可在主功能区显示监测节点的地理位置和分布；台站数据库区位于主界面左上方，通过点击图标登录，可对台

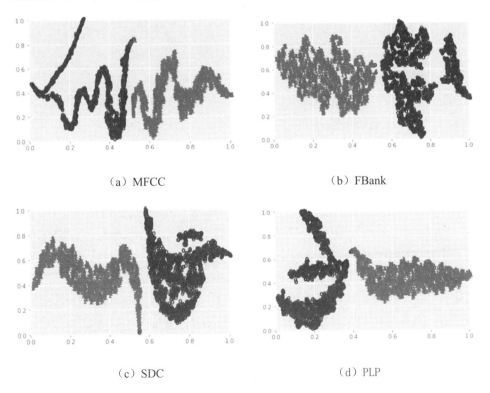

（a）MFCC　　　　　　　　　　　　（b）FBank

（c）SDC　　　　　　　　　　　　（d）PLP

图 6.16　FM 广播音频信号和噪声的声学特征

站数据库进行修改、添加和删除等操作，以完成授权广播和非授权广播的自动标注；广播时间统计区位于主界面右侧，该区域统计了授权广播和非授权广播的播放时间，为判断和排查非授权广播的危害程度提供了直观的数据呈现方式。通过点击监测节点可弹出监测电台列表区，点击主功能显示区左侧边框中部的三角形按键可隐藏监测电台列表区。

图 6.17　FM 广播监测系统主界面

6.2.2　基于图像处理的知识获取方法

（1）基于图像相似性计算的知识获取方法。

通过计算频谱图形状的相似性，可模拟无线电监测人员实时观测频谱数据，诊断无线电频谱使用状况，包括频道是否被占用、是否受到干扰等知识。用来检测 FM 广播频道是否被占用的基于相似性计算的孪生神经网络（Siamese Neural Network）模型如图 6.18 所示，模型中上、下通道分别用于计算 t 时刻和 $t+1$ 时刻频谱图形状的相似性。该模型主干网络采用 VGG16 模型，VGG16 模型由 5 个卷积层组成，模型参数如表 6.3 所示。图 6.19 给出了典型频道相似度计算示意图，图 6.19（a）所示频道存在占用和未占用两种情况。由图可见，在 t_i 和 t_j 期间该频道一直被占用，其典型波形如图 6.19（b）和图 6.19（d）所示；t_k 期间该频道一直未被占用，其典型波形见图 6.19（c）；图 6.19（a）中的相似度突变示意该频道经历了占用到未占用与未占用到占用的变化。图 6.19（e）所示频道一直被占用，可见在 t_i、t_k 和 t_j 期间该频道一直被占用，其典型波形见图 6.19（f）、图 6.19（g）和图 6.19（h），它们的形状和特征相同。根据相似度计算，可得如表 6.1 所示的 FM 广播 24 小时频道占用度统计结果。

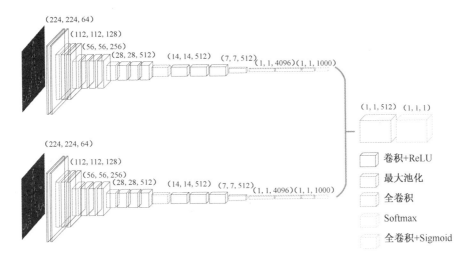

图 6.18　基于相似性计算的孪生神经网络模型

表 6.3　VGG16 模型参数

层	说　明	激活函数
卷积层 1	两次 3×3 卷积，一次 2×2 最大池化，输出特征尺寸为（52, 52, 64）	ReLU
卷积层 2	两次 3×3 卷积，一次 2×2 最大池化，输出特征尺寸为（26, 26, 128）	ReLU
卷积层 3	三次 3×3 卷积，一次 2×2 最大池化，输出特征尺寸为（13, 13, 256）	ReLU
卷积层 4	三次 3×3 卷积，一次 2×2 最大池化，输出特征尺寸为（6, 6, 512）	ReLU
卷积层 5	三次 3×3 卷积，一次 2×2 最大池化，输出特征尺寸为（3, 3, 512）	ReLU

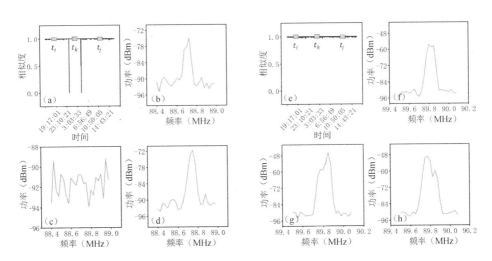

图 6.19　典型频道相似度计算示意图

（2）基于图像语义特征提取的知识获取方法。

一图胜千言，"图"不仅能将大量的数据以直观的形式呈现出来，而且图中像素之间包含了丰富的语义特征。下面简要介绍基于 C/N_0 的 GNSS 信号欺骗与干扰监测方法。监测方法包含 3 个环节。首先，将 GNSS 接收信号转变为 C/N_0 热图。其次，采用深度学习方法提取图像的语义特征，例如，GNSS 信号正常、受到欺骗或干扰。最后，将这些语义特征或知识推送到云端。

图 6.20 为 C/N_0 矩阵切片和热图，数据集将在 6.5.2 节中介绍。图 6.21 为图像处理流程图，其中，图 6.20（a）为原始 C/N_0 热图；图 6.20（b）为灰度图；图 6.20（c）为转换图。图 6.22 为基于深度学习的图像语义特征获取和 GNSS 信号欺骗与干扰检测方法。表 6.4 比较了 4 种深度学习模型的检测性能，这些模型分别是无监督生成对抗网络（Unsupervised GAN，UGAN）、半监督生成对抗网络（Semi-supervised GAN，SGAN）、辅助分类器生成对抗网络（Auxiliary Classifier GAN，ACGAN）和深度学习双频载噪比网络（Deep Learning Dual-frequency C/N_0，DD-C/N_0）。图 6.23 为基于深度学习的云边混合架构 GNSS 信号监测方案。

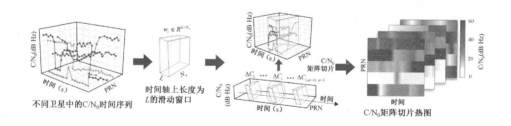

图 6.20　C/N_0 矩阵切片和热图

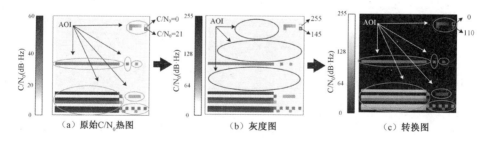

图 6.21　图像处理流程图

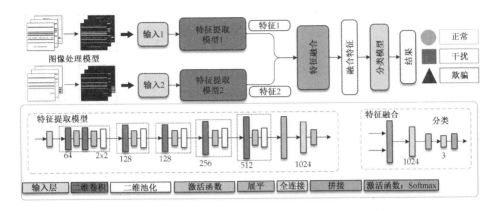

图 6.22 基于深度学习的图像的语义特征获取和 GNSS 信号欺骗与干扰检测方法

表 6.4 4 种深度学习模型的检测性能

指标	UGAN	SGAN	ACGAN	DD-C/N_0
准确率（%）	98.51	85.30	99.80	98.76
精准率（%）	99.01	90.64	99.75	100.00
召回率（%）	98.51	86.26	99.83	92.52
F1（%）	98.76	86.69	99.79	95.63

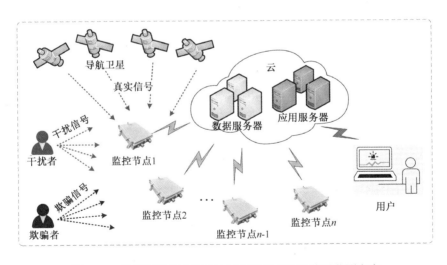

图 6.23 基于深度学习的云边混合架构 GNSS 信号监测方案

小提示 5：图像语义与知识获取

图像语义就是图像内容的含义，计算机可通过语义分割（Semantic Segmentation）算法理解图像场景与内容，获取图像语义特征和知识。将图像处理和语义分割应用于无线电监测领域，模拟了监测人员通过频谱形状和各种热图理解电磁环境状况的过程，非常有趣。

6.2.3 无线电监管模型

无线电管理是行政管理和技术管理的有机统一。在我国省级无线电管理机构中，一般采用"两处一中心"的管理模式。为了方便读者理解无线电管理，我们提出了知识驱动的无线电监管框架[12]，如图 6.24 所示。在该框架中，无线电管理过程被抽象为 15 个本体，其中无线电监管本体（O_1）涉及"无线电管理处""无线电监督检查处"和"无线电监测中心"的职能，行政管理主要职能由无线电管理处和无线电监督检查处共同承担，技术管理职能主要由无线电监测中心承担；无线电管理处的职能用法律法规（O_2）、标准规范（O_3）、行政管理（O_4）、基础数据库（O_6）、无线电业务（O_7）和条件要素（O_8）6 个本体来表示；无线电监督检查处的职能用合规性检查本体（O_{15}）来表示；无线电监测中心的职能用技术支撑（O_5）、无线电检测（O_9）、无线电监测（O_{10}）、接收机（O_{11}）、天线（O_{12}）、电磁环境（O_{13}）和发射机（O_{14}）7 个本体来表示。

基于上述框架，我们建立了无线电监管五元组图模型

$$G = (E, \ R, \ P, \ T, \ S) \tag{6.6}$$

式中，G 为五元组集合；E 为实体集合；R 为关系集合；P 为属性集合；T 为时间；S 为地点。为了描述不同场景下的无线电监管实例，便于知识存储和系统开发，在五元组的基础上抽取出实体（Entity）、事件（Event）、场景（Scene），建立了无线电监管 EES 三元组模型，简称 EES 模型。模型中的事件和场景类似于 Neo4j 图数据库中的关系和属性，但表达的逻辑层次更丰富，是一个遵循无线电监管多层级、多要素的整体的数据组织管理思路。在 EES 模型中，实体是客观世界事物的抽象，是构成知识关系的最基本要素，与五元组中的"实体"类似，其复杂的种类特征仍然用属性来描述；事件描述了管理和技术支撑行为的结果，具有出现、发展、结束的典型变化过程，是触发变化的主要诱因，通常会改变相关场景要素或实体要素的属性；场景包括管理和技术两大类，描述了在用无线电资产及其时间和空间属性，如时间、地点、电磁环境、接收机、天线等描述现实世界的一些必要信息，表明了实体和事件发生特定联系的前提

条件。在无线电监管实际工作中，技术场景以监测为主。此外，为了表达要素间复杂的关联关系，反映事件的动态变化过程及要素间的相互作用情况，通过参与节点记录场景与事件之间的动态联系，描述场景要素的变化，如天线、接收机及其工作模式的不同搭配组合，转动定向天线的不同方位等；通过数据节点记录事件对象的结果，如信号数量、累计带宽等。EES 模型各要素之间的关系如图 6.25 所示。

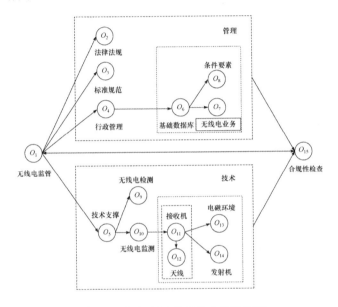

图 6.24　知识驱动的无线电监管框架

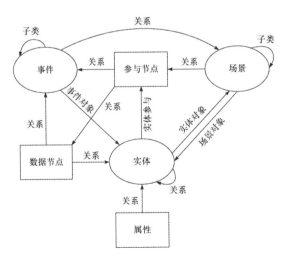

图 6.25　EES 模型要素之间的关系

> **小提示 6：图模型**
>
> 图模型（Graphic Models）是指由点和线组成的用于描述系统的图形，可用于描述自然界和人类社会中的大量事物与事物、人与事物、人与人之间复杂的关系。例如，描述一个大学生的简单校园生活可用教室、食堂和寝室"三点一线"来建模，反之，"M点N线"图模型可用来描述任意复杂的关系。图模型也被称为复杂网络模型。

6.3 知识推理与知识问答

6.3.1 知识推理

知识推理是指在已有知识的基础上，通过计算推断出未知的知识或知识间关系的过程。知识推理是人类智能活动的重要组成部分，一直以来也是 AI 的核心研究内容之一。AI 算法必须具备知识推理能力，推理过程需要依靠人的先验知识，同时对推理的结果做出必要的解释。知识推理主要有逻辑规则、嵌入表示和神经网络 3 类方法，知识推理方法对比如表 6.5 所示[17]。下面简要介绍基于一阶谓词逻辑的知识推理。

基于一阶谓词逻辑的知识推理是指使用一阶谓词逻辑对专家预先定义好的规则进行表示，然后以命题为基本单位进行推理，该方法使用接近人类自然语言的方式对知识进行表示和推理，精确性高且可解释。其中，命题包含个体和谓词，个体对应知识图谱中的实体，谓词对应知识图谱中的关系。基于逻辑规则的知识推理实例如图 6.26 所示，已知有了对三元组（Bruce，HasChild，Carl）和（Bruce，IsCitizenOf，New York）；（Carl，HasWife，Diana）和（Diana，HasChild，Barry）；（Carl，HasWife，Diana）和（Carl，IsCitizenOf，New York），则有如下系列的一阶谓词逻辑推理规则

$$（Bruce，HasChild，Carl）\wedge（Bruce，IsCitizenOf，New York）\Rightarrow$$
$$（Carl，IsCitizenOf，New York）$$

$$（Carl，HasWife，Diana）\wedge（Diana，HasChild，Barry）\Rightarrow$$
$$（Carl，HasChild，Barry）$$

$$（Carl，HasWife，Diana）\wedge（Carl，IsCitizenOf，New York）\Rightarrow$$
$$（Diana，IsCitizenOf，New York）$$

上述推理中，Bruce 的孩子是 Carl，且 Bruce 住在 New York，如果 Carl 是未成年儿童，他或她住在 New York 的可能性较大；Carl 的妻子是 Diana，且 Diana 的孩子是 Barry，Carl 的孩子是 Barry 的可能性较大，如果 Carl 与 Barry 的 DNA 相同（属性），Carl 的孩子肯定是 Barry。基于一阶谓词逻辑的知识推理方法简单、易理解，在小规模知识图谱上可以获得较好的精度。

表 6.5　知识推理方法对比

方法类别	方法类型	核心思路
基于逻辑规则	逻辑方法	直接使用一阶谓词逻辑、描述逻辑等方式对专家构建的规则进行表示及推理
	统计方法	利用机器学习方法从知识图谱中自动挖掘出隐含的逻辑规则
	图结构方法	利用图谱的路径等结构作为特征，判断实体间是否存在隐含关系
基于嵌入表示	张量分解方法	将关系张量分解为多个矩阵，利用其构造出知识图谱的一个低维嵌入表示
	距离模型	将知识图谱中的关系映射为低维嵌入空间中的几何变换，最小化变换转化的误差
	语义匹配模型	在低维向量空间匹配不同实体和关系类型的潜在语义，度量一个关系三元组的合理性
基于神经网络	卷积神经网络	将嵌入表示、文本信息等数据组织为类似图像的二维结构，提取其中的局部特征
	循环神经网络	以序列数据作为输入，沿序列演进方向以递归的方式实现链式推理
	图神经网络	以图结构组织知识，对节点的邻域信息进行学习，实现对知识拓扑结构的语义表征
	深度强化学习	将知识实体、邻接关系分别构建为状态空间和行动空间，采用实体游走进行状态转换

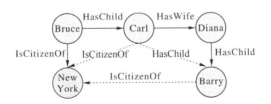

图 6.26　基于逻辑规则的知识推理实例

6.3.2　知识问答

知识问答一般指基于知识图谱的智能问答。智能问答最早可追溯到 AI 诞生时期，20 世纪 50 年代，英国数学家艾伦·图灵（Alan Turing）提出的一个测试智能的方法，即图灵测试（Turing Test）。图灵测试的基本思想是，在一个对话式的情境中，如果一个机器能够以与人类无法区分的方式进行对话，并给予人类用户相似的体验，那么可以认为这个机器具备了人类智能。2011 年 IBM 公司设计研发了超级计算机"沃森"，"沃森"在美国知识竞赛节目《危险边缘》中上演了"人机大战"，战胜两位顶尖的人类选手，被视为 AI 发展里程碑。同年，华盛顿大学奥伦·埃齐奥尼教授在 *Nature* 上发表论文 *Search Needs a Shake-up*，指出："以直接而准确的方式回答用户自然语言提问的自动问答系统将构成下一代搜索引擎的基本形态。"因此，知识问答系统被看作是信息智能服务的关键性技术之一，是人机交互的重要手段。知识问答主要有构建模板的问答方法、语义解析的问答方法、基于深度学习的答案排序方法、基于知识图谱的嵌入学习的问答方法和多跳推理的知识图谱问答等[17]。下面简要介绍构建模板的问答方法。

构建模板的问答方法通过构造一组模板参数，形成查询表达式，并对问题文本进行匹配。整个过程不涉及问句分析，通过预设查询模板替代相关实体关系映射，巧妙避开语义解析等难题。构建模板的问答方法适用于简单查询，实际应用广泛。例如，2010 年提出的 True Knowledge 模板问答方法[19]，其核心思想是使用已知模板成分匹配句子中的内容；按照顺序匹配相应模板，一个模板可以覆盖多个问题；继续根据已定义模板映射到变量。下面以问题"What is the Capital of France？"为例示意模板问答方法。首先，匹配疑问词 What/Which。然后，这些反映问题意图的疑问词又生成"what/which a y"这样的待填充结构，这里变量 a 与变量 y 是问题中内容的映射。最后，继续根据已定义模板将"is the Capital of"映射到变量 a，将"France"映射到变量 y。模板针对不同问题可以复用，但缺点也十分明显，需要大量人工处理形成模板，成本昂贵。同时，生成的模板对数据库依赖性大。目前，基于 AI 的问答方法是发展趋势，尤其是以 ChatGPT 为代表的 AI 大模型将改变我们的世界。

6.3.3　ChatGPT 对话体验

下面以某网友与 ChatGPT 的对话为例，请读者仔细阅读，体会 AI 的能力。我们的感受是，ChatGPT 在这样专业的对话中有如此表现，真的太强大了，令人感到惊讶！

网友：在看完开发者大会的报道之后，我就迫不及待地在手机上打开了

ChatGPT。虽然它一直在我手机上，但是我已经好久没有使用它了。在看了开发者大会以后，我觉得要用一用了，因为它被形容得很厉害。它现在有语音功能，我可以直接跟它对话。数学中有许多常数，而物理学中也有许多常数。我的理解是，数学中的常数是纯逻辑推导出来的，它是逻辑的必然，与有没有人类的存在没有关系。但物理学中的常数好像依赖于人类的物理学，是我们发明出来的。换句话说，外星文明的 π 和我们地球文明的 π 的数值一定完全一样，对吧？但外星文明的光速 c 的值很可能会与我们地球文明不一样。我不知道我的理解对吗？你怎么看这个问题？

　　ChatGPT：你的理解有一定的道理。数学常数如 π 确实是基于逻辑和数学定义推导出来的，不依赖于物理现象或观察，所以不论是在地球还是其他地方，π 的值都是相同的。至于物理学中的常数，例如，光速 c 在当前的物理理论中，它们被认为是宇宙中的基本属性，并且在我们所知的宇宙范围内是恒定不变的。所以如果外星文明使用的是与我们相同的物理理论，他们测量的光速值理应与我们的相同，不过物理常数是根据我们对宇宙的观测而得出的，如果未来的科学发展改变了我们对这些常数的理解，那么我们对他们的看法也可能随之改变。你对物理或数学常数有什么特别的兴趣吗？

　　网友：你前面说外星文明的光速 c 的值和地球文明可能是一样的，我有一些不同的意见。我认为光速 c 的值与我们对 s 和 m 的定义有关。换句话说，s 和 m 这两个量纲的大小决定了 c 的数值。但如果外星文明的量纲与我们不同的话，那么很可能他们的 c 的值与我们是不一样的，你觉得呢？

　　ChatGPT：你提出的想法很有见地。的确，光速 c 的数值是基于我们对 m 和 s 的定义，我们定义光速是 1s 内光在真空中行进的距离，而这个距离用 m 衡量，因此光速的具体数值 299 792 458 m/s，确实取决于 s 和 m 的定义。如果外星文明有不同的距离和时间单位，他们测量出来的光速数值可能会不同，但这只是数值上的不同。光速本身作为宇宙速度的上限是一个物理常数，它在宇宙中的实际速度是不会变的。换句话说，虽然外星文明用他们的单位得到的数值可能与我们不同，但光在一定时间内行进的实际距离是相同的。这是不是也是你想表达的意思？

　　网友：并不完全是我想表达的意思。其实我今天想跟你探讨的是另一个问题，我在进一步学习了物理知识后，发现自己的想法会有一些变化。因为我了解到物理学中还有很多无量纲的常数，比如说精细结构常数，它是没有量纲的。那么外星文明是否也会发现精细结构常数，而且他们发现的数值应该与我们地球文明是完全一样的，因为它是没有量纲的。你觉得呢？

ChatGPT：你说的对，精细结构常数是一个无量纲常数，它描述的是电磁相互作用的强度，并且是物理学中一个非常重要的基本常数。由于它是无量纲的，其值不依赖于特定的单位制度，因此它的值被认为是宇宙中普遍的，不会因为观察者的不同而改变。因此如果外星文明进行科学研究，并且他们的物理定律与我们的相同，那么他们发现的精细结构常数应该与我们发现的值相同。这个常数是通过自然界中的各种物理过程测量得出的，所以它体现了自然界的一个基本特性，不受我们定义单位的方式影响，这样的讨论非常有趣，因为它涉及物理定律的普适性问题。你对无量纲常数的学习有什么特别的发现或想法吗？

网友：我现在最想知道的是物理学中的常数有没有可能靠纯数学的方法推导出来，而不依赖于测量。换句话说，我们现在都是通过测量来确定这些物理常数的值。但有没有可能我们用纯数学的方法就可以把这些物理常数的值自然而然地推导出来，你觉得有这个可能性吗？

ChatGPT：你提出的问题是物理学和哲学中的一个深刻话题。到目前为止，物理常数大多是基于实验测量而不是通过纯数学推导得出的，这是因为这些常数通常反映的是自然界的某些基本属性，这些属性并不是由数学逻辑本身决定的，而是通过观测自然界的行为来确定的。但是有一个概念叫作理论物理学的最终理论，也就是所谓的万有理论。这样的理论将会用数学的语言完整地描述自然界的所有基本力和物质的性质。如果这样的理论存在并被发现，那么理论上我们可以预期它会提供一种方法，通过纯数学来确定那些常数的值。不过即使在物理学理论中，数学的作用是描述和预测自然现象，而不是决定它们。至于是否能有一天仅用数学就能完全确定物理常数，这还是一个开放的问题。你对这个探索有何看法或者特别感兴趣的方向？

网友：我觉得这个问题非常的重要，也非常的关键，假如说数学没有办法推导出我们宇宙中的所有物理常数，那么我们就可以认为，多世界理论……

ChatGPT：这个问题确实很关键。在物理学的发展历程中，理论的深化往往伴随着对现有常数更深的理解。如果你有什么特定的想法或者这方面的假设，我很乐意听你分享。

网友：你有点抢话了，我话还没有说完，你就着急回答了。我的意思是假如数学理论可以推导出我们这个世界的、我们这个宇宙的所有物理常数，那么就意味着我们这个宇宙将是唯一的宇宙，不可能再有别的与我们有不同物理常数的宇宙了，你觉得呢？

ChatGPT：抱歉打断你了，你的这个假设很吸引人，如果数学理论确实能推导出所有物理常数。这可能会暗示我们的宇宙遵循一个确定的数学结构，这样的发现将对我们理解宇宙有重大意义，可能会支持那种认为我们宇宙的物理定律和常数是唯一的观点。然而即便我们的宇宙常数可以通过数学推导出来，这也不必然排除多宇宙的可能性。在多宇宙理论中，其他宇宙可能有不同的物理法则和常数，我们的数学推导可能只适用于我们自己的宇宙。这是个非常宏大的话题。你认为这种理论推导的可能性会如何影响我们对宇宙的理解？

网友：我认为这个问题可能事关我们宇宙的终极结构，或者事关我们人类对宇宙的终极认识。我感觉这是一个很值得探索的理论物理的方向，我不知道目前全世界有没有理论物理学家或者说数学家在沿着这个方向去探索？刚才好像断掉了。

ChatGPT：可能是个小故障，没关系，我们可以继续讨论。你对宇宙的物理常数和数学理论的关系有什么想法吗？

网友：我认为这个问题事关我们人类对宇宙的终极认识，也事关宇宙到底是什么，宇宙从何而来，要往何去，这个终极谜题很可能就隐藏在数学和物理学之间的关系上。据你所知，全世界有没有物理学家或者数学家是专门研究这个方向的？

ChatGPT：确实，这个问题触及了对宇宙最根本的探索，全球有很多物理学家和数学家都在研究数学与物理定律之间的关系。像爱因斯坦就致力于寻找一个统一的物理理论，而斯蒂芬·霍金等人也在这一领域做出了显著的贡献。现在弦理论和量子引力理论是试图统一宇宙基本力的前沿理论，这样的研究不只是为了解决理论问题，还可能对新技术和新发现产生启示。有些理论物理学家甚至探索宇宙起源和宇宙命运这样的问题。例如，多宇宙理论和宇宙膨胀理论都在试图解释宇宙早期的状况和发展。这些都是非常复杂且引人入胜的研究领域，你对这些理论有感兴趣的特定方面吗？

网友：好，今天我们就先聊到这里，我们以后再聊。

ChatGPT：好的，期待我们下次的谈话，随时欢迎你来聊天，祝你有个愉快的一天。

网友：不知道大家觉得怎么样？ChatGPT 现在真的是越来越强大了，这是 ChatGPT 的 GPT-4 Turbo 版本拥有的能力，确实比我们想象的还要厉害。这么深奥的科学哲学问题、物理和数学的问题，它都能回答。这段对话还没结束，我们听听它怎么回答我这句话。

ChatGPT：很高兴听你这么说，能够帮助到你讨论这些复杂的问题是我的荣幸。无论是科学哲学上的深入探讨还是日常话题，我都在这里随时准备与你一起探索和讨论。希望每次对话都能给你带来新的洞见和知识。你对 GPT-4 的体验感觉如何？

网友：我先结束这个对话，大家觉得现在的 ChatGPT 怎么样，是不是真的太强大了？令人感到惊讶。

> **小提示 7：精细结构常数**
>
> 本书引入这段网友与 ChatGPT 的对话，除了有趣外，另一个重要的原因是他们谈到了精细结构常数。保罗·狄拉克（Paul Dirac）称它为"物理学中最基本的未解决问题"。沃尔夫冈·泡利（Wolfgang Pauli）说："当我死去时，我对魔鬼的第一个问题将是'精细结构常数是什么意思？'"这个常数与电荷、真空介电常数、普朗克常数和光速有关，约等于 1/137。这里为什么要讨论精细结构常数呢？因为通过普朗克常数和温度可以计算噪声，噪声和天线增益是影响无线电波传播距离的两个重要参数。

6.4　智慧无线电监管

6.4.1　智能与智慧

智能就是学习的能力（解释、解决预设问题的能力），以及解释、解决现实问题的能力[20]。其中，预设问题是被形式化了的、被实践证明行之有效的问题或知识，常常被写进教科书；现实问题涉及的因素有很多，通常比预设问题复杂。学习就是把未知变为可知的能力，是解释、解决新问题的基础，解释、解决现实问题是学习的目的，两者相互促进。李德毅院士上述关于智能的定义不再区分是生命体的智能还是机器的智能，不纠缠人的生命体特质中的意识、欲望、情感、人格等，单独把智能释放出来，是目前比较准确的智能定义。

学界关于智慧的定义很多，目前较为主流的有柏林智慧模式智慧观、平衡理论智慧观、三维智慧理论智慧观、英雄模型智慧观、智慧推理理论智慧观和德才一体理论智慧观[21]。例如，柏林智慧模式智慧观认为智慧是一种认知和动机的元启发式，在个人和集体中组织、协调知识，以实现人类在思想和美德方面的卓越；平衡理论智慧观认为智慧是个体以积极伦理价值观为指导，运用智力、创造力和知识，通过平衡自身、人际和外部的短、长期利益，平衡适应现存环境、塑造现存环境和选择新环境 3 种对待环境的反应方式来追求公共利益的过程。同李德毅院士的智能定义类似，本书不再区分生命体的智慧和机器的智慧，定义智慧为依据相关知识进行决策、创造价值的能力。

小提示 8：智能与智慧

智能与智慧目前还没有公认的定义，在日常交流和讨论中常常发生"鸡同鸭讲"，错位沟通，根本原因是双方不在同一个语境或语用里。本书不纠缠人与机器的细微差异，强调智能和智慧是两种能力，即智能的学习能力和智慧的决策支撑能力。这有利于读者抓住这两个术语的本质，判断什么样的应用系统是智能系统或智慧系统，例如，特斯拉完全自动驾驶 FSD（Full-Self Driving）V12（Supervised），从机器视觉到驱动决策都由神经网络进行车辆控制，虽然名称叫 FSD，但本质上属于智慧系统。

6.4.2 智慧无线电监管探讨

在各种媒体和广告中，带智慧的名词铺天盖地，如智慧城市、智慧医疗、智慧文旅、智慧金融、智慧广电、智慧农业、智慧公安、智慧工厂、智慧社区和智慧停车场等。下面简要介绍 5G 智慧城市网络架构、智慧应用系统的技术特征和云南大学智慧无线电监管工作研究进展。

智慧城市是指在已建环境中对物理系统、数字系统和人类系统进行有效整合，从而为市民提供一个可持续的、繁荣的、包容性的综合环境系统。图 6.27 所示为由终端层、边缘层、网络层、技术中台层、行业平台层和应用层组成的 5G 智慧城市网络架构[22]。图中，终端层主要是面向个人用户的手机、VR/AR，以及面向垂直行业的仪器、工厂设备和传感器等；边缘层是 5G 时代面向时延敏感应用的移动边缘计算（Mobile Edge Computing，MEC）；网络层是覆盖整个智慧城市的端到端 5G 网络；技术中台层是一些公共的基础 IT 中台系统，如 AI 中台、数据中台、安全中台。行业平台层是相关垂直行业为实现资源、技术的共享复用，集中建设的行业应用平台，如政务云平台、智慧交通平台、物联网平台和工业互联网平台；应用层是让城市变得精细、智能和便捷的各种智慧应用系统，包括智慧政务、智慧交通、智慧电网、智慧工厂等。

结合相关大数据标准[23]，我们认为智慧应用系统应该具有表 6.6 所示的八大技术特征。其中，图模型用于对任意复杂对象建模，是构建知识图谱和开发智慧应用的基础；数据中台对接各种数据源，包括业务系统、数据库、互联网数据等，通过数据治理手段，保证数据的完整性、准确性和一致性，并通过数据服务接口实现快速的数据分析和业务决策。

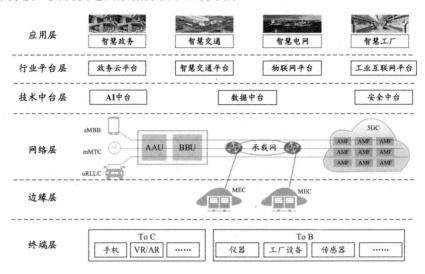

图 6.27　5G 智慧城市网络架构

表 6.6　智慧应用系统的技术特征

技术名称	技 术 特 征
云计算	云计算是通过互联网上异构、自治的服务为个人和企业提供按需即取的计算，具有虚拟化、动态可扩展、按需部署、灵活性和可靠性高等特征
边缘计算	边缘计算是一种分布式计算框架，它通过将计算能力下沉到网络边缘，为用户提供更快的响应，并将需求在边缘端解决
图模型	图模型是一个由多个节点和边组成的集合，主要用于表示复杂网络的特性，因此图模型又称为复杂网络模型，是构建知识图谱和开发智慧应用的基础
App	App 是应用程序（Application）的缩写，更流行的名称为手机软件，主要指安装在智能手机上的软件，是手机为用户提供更丰富使用体验的主要手段
大数据标准	大数据标准是为促进数据共享，构建开放的技术体系和服务平台，指导建立覆盖基础、数据、技术、治理、资产、应用、安全和评价等的标准体系
数据中台	数据中台是一种集成了数据管理、数据治理、数据服务等的平台，旨在为企业提供稳定、高效、安全的数据支持服务，从而更好地实现数字化转型
AI 中台	AI 中台是 AI 产品及技术能力提供平台，具备提供包括解决方案、流程管理和资源提供等服务的能力
安全中台	安全中台是指基于标准协议和流程，将现有安全资源和安全能力通过 IT 技术共享给各个业务单元或管理部门，提供快速安全能力服务响应支持

云南大学在智慧无线电监管方面做了许多工作，涉及云计算、边缘计算、图模型和 App 等。2017 年，云南大学在 *Radio Science* 杂志上发表的题为 *State of the Art and Challenges of Radio Spectrum Monitoring in China* 的论文被美国

Earth and Space Science News 优选为"研究焦点",并以 *Managing Radio Traffic Jams with the Cloud* 为题进行了评述,率先将无线电监测系统部署于云端。2019年,云南大学开发了基于人工智能的 FM 调频广播监测系统,进行了规模化部署和试运行,该系统通过边缘计算模仿监测人员收听广播并记录异常发射台的过程,取代了繁重的人工劳动,研究成果以 *FM Broadcast Monitoring Using Artificial Intelligence* 为题在 *Radio Science* 杂志上发表。2019—2020 年,云南大学在云南省红河州建设了边境无线电监管系统,系统基于边缘计算和云端架构设计,由"蒙自 OpenStack 私有云"主系统和"弥勒 Kubernetes 容器云"备份系统组成,共 18 个微服务,主要特点为采用云计算和边缘计算架构,与国家一体化平台兼容;采用主从备份和扁平化网络拓扑结构,安全可靠。同时,在"弥勒 Kubernetes 容器云"上,云南大学通过图模型构建了河口边境电磁环境知识图谱,开发了无线电监管 App,实现了无线电监管知识的获取、推理、决策和问答等功能。2021 年 12 月,云南大学在科学出版社出版了《知识驱动的无线电监管》和《无线电监管 App 开发与应用》两本专著,奠定了云南大学智慧无线电监管研究工作基础。

6.5　无线电监测数据集及应用

没有数据就没有科学研究的第四范式。由于无线电监测领域的数据比较敏感,与其他研究方向相比,目前公开的数据集很少。下面简要介绍短波数据集、无线电信号 IQ 数据集、GNSS 干扰欺骗数据集、无线电地图重构数据集和无线电监测覆盖预测数据集,以方便读者练习基于 AI 的无线电监测数据处理方法。

6.5.1　短波数据集

短波频率为 3～30 MHz,以全球传播为信号特征。图 6.28 为不同信号类型的短波频谱。表 6.7 给出常见的 20 类短波信号类型、调制方式和特征。文献[24]采用了图 6.29 所示的短波信号识别 CNN,最高识别率为 95%,短波信号信噪比与准确率的关系如图 6.30 所示。短波数据集包含 172 800 个信号、2048 个 IQ 样本,其衰落信道为 CCIR520、信噪比为-10～25 dB。为了识别无线电信号类型,除频域、时域变换外,一些更先进的方法可以提供更高的分辨率,例如,短时傅里叶变换(Short-Time Fourier Transform)、小波变换(Wavelet

Transform）、Wigner-Ville 分布（Wigner-Ville Distribution）和再分配短时傅里叶变换（Reassigned Short-Time Fourier Transform）和平滑伪 Wigner-Ville 分布（Smoothed Pseudo Wigner-Ville Distribution，SPWVD）等，图 6.31 给出了不同 FSK 调制信号的时频表示。

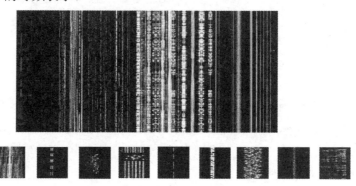

图 6.28　不同信号类型的短波频谱

表 6.7　常见的 20 类短波信号

信号类型	调制	波特率/bps	用户
调幅广播	幅度调制	模拟	广播
莫尔斯码	开关键控	可变	通用
相移键控 31	相移键控	31	业余无线电台
相移键控 63	相移键控	63	业余无线电台
无线电传 45/170	频移键控，170 Hz	45	业余无线电台
无线电传 50/450	频移键控，450 Hz	50	民用服务
无线电传 75/170	频移键控，170 Hz	75	业余无线电台
Navtex / Sitor-B	频移键控，170 Hz	100	商用/民用服务
Olivia 4/500	4-多频移键控	125	业余无线电台
Olivia 8/250	8-多频移键控	31	业余无线电台
Olivia 16/500	16-多频移键控	31	业余无线电台
Olivia 32/1000	32-多频移键控	31	业余无线电台
Contestia 16/250	16-多频移键控	16	业余无线电台
多频移键控-16	16-多频移键控	16	业余无线电台
多频移键控-32	16-多频移键控	31	业余无线电台
多频移键控-64	16-多频移键控	63	业余无线电台
MT63 / 500	多载波	5	业余无线电台
单边带（上）	上边带	模拟	通用
单边带（下）	下边带	模拟	业余无线电台
气象传真/高频传真	无线电传真	模拟	民用服务

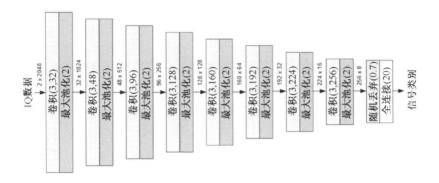

图 6.29　短波信号识别 CNN

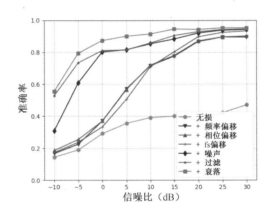

图 6.30　短波信号信噪比与准确率的关系

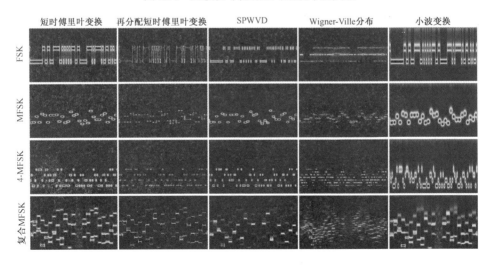

图 6.31　不同 FSK 调制信号的时频表示

6.5.2 无线电信号 IQ 数据集

目前常用的无线电信号 IQ 数据集为 RadioML2016.10 a[25]、RadioML2016.10b[26] 和 MATLAB 2020b 仿真数据集。RadioML2016.10 a 样本信号 220 000 个，信噪比-20～18 dB（间隔 2 dB），调制方式 11 种（WBFM、AM-SSB、AM-DSB、BPSK、QPSK、8PSK、16QAM、64QAM、BFSK、CPFSK、PAM4）；RadioML2016.10b 样本信号 1 200 000 个，信噪比-20～18 dB（间隔 2 dB），调制方式 10 种（WBFM、AM-DSB、BPSK、QPSK、8PSK、16QAM、64QAM、BFSK、CPFSK、PAM4）；仿真数据集由 MATLAB 生成，调制方式 11 种（BPSK、QPSK、8-PSK、16-QAM、64-QAM、PAM4、GFSK、CPFSK、B-FM、DSB-AM、SSB-AM）。基于这些数据集可以进行无线电信号自动调制识别（Automatic Modulation Recognition，AMR）研究。下面介绍我们实验室近年来基于上述数据集的部分研究成果。

（1）SCNN 结构。

DPM-SCNN（Data Preprocessing Method-Residual Block CNN）结构如图 6.32 所示，图 6.33 为 SCNN 中采用的残差模块结构。图 6.32 中，第一组并行卷积层中卷积核的步长都为 2；卷积后进行批归一化（Batch Normalization）；随机丢弃（Dropout）层在网络训练时按特定的概率（0.5）丢弃该层节点，丢弃后的节点不向下一层节点传递特征值，这样该层中任意一部分节点都能发挥作用，从而提升网络整体性能；高斯噪声层在训练时对每一个节点增加一个均值为 0 方差为 0.01 的高斯干扰，以对抗网络的过拟合；每个卷积层后都有 ReLU 激活函数，未在图中画出，最大池化层为 2×2；拼接和相加都在通道维度上进行，拼接和相加都是残差模型中常用的张量合并方法，区别在于拼接是在某维度上连接，只要求 2 个张量在其余维度上的大小相同，在连接维度上的大小可以不同，而相加是在某维度上进行对位数值相加，要求 2 个张量的每个维度大小都必须相同。SCNN 中共包含 2 个残差模块、11 个卷积层、2 个最大池化层及 2 个全连接层。数据预处理 DPM 层消除了直接使用采集到的 IQ 信号样本作为 CNN 模型的输入带来的样本大小限制卷积池化应用和相邻较远的数据之间特征互信息浪费的两个弊端，提升了信号识别精度[27]。

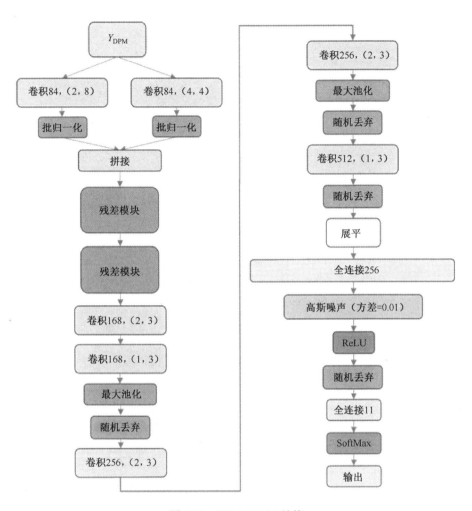

图 6.32　DPM-SCNN 结构

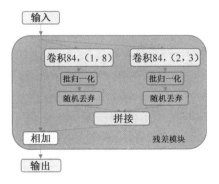

图 6.33　残差模块结构

图 6.34 和图 6.35 给出了在数据集 RadioML2016.10a 上，SCNN 与其他网络比较的识别准确率和计算时间，可见在 5 种网络结构中，SCNN 的识别准确率最高，超过了当时领域内的最高水平；计算时间处于中间水平，增加不多。RadioML2016.10a 数据集上准确率的实验结果比较如表 6.8 所示，识别准确率和计算时间的实验结果比较如表 6.9 所示，可见在信噪比为 14 dB 时，SCNN 的准确率为 93.72%。

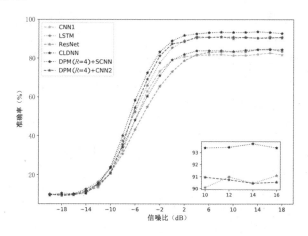

图 6.34　识别准确率比较

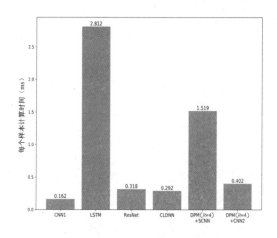

图 6.35　计算时间比较

表 6.8 RadioML2016.10a 数据集上准确率的实验结果比较

信噪比	准确率	信噪比	准确率	信噪比	准确率	信噪比	准确率
−20 dB	9.54%	−10 dB	23.76%	0 dB	89.04%	10 dB	93.38%
−18 dB	9.50%	−8 dB	40.02%	2 dB	91.83%	12 dB	93.43%
−16 dB	9.74%	−6 dB	58.31%	4 dB	92.63%	14 dB	**93.72%**
−14 dB	10.20%	−4 dB	72.47%	6 dB	93.26%	16 dB	93.38%
−12 dB	15.33%	−2 dB	83.25%	8 dB	93.51%	18 dB	92.84%
平均准确率		72.37%		最大准确率		93.72%	
平均计算时间				1.519（ms）			

表 6.9 RadioML2016.10a 数据集上识别准确率和计算时间的实验结果比较

模型	平均准确率	最大准确率	平均计算时间
CNN1	63.32%	82.75%	**0.162 ms**
LSTM	69.75%	91.15%	2.812 ms
ResNet	62.32%	84.83%	0.318 ms
CLDNN	64.60%	84.51%	0.292 ms
SCNN	**72.37%**	**93.72%**	1.519 ms
CNN2	70.11%	91.05%	0.402 ms

（2）CANR 网络结构。

卷积自适应降噪（Convolution Adaptive Noise Reduction，CANR）网络结构如图 6.36 所示，由数据预处理模块（Data Preprocessing Block，DPB）、自适应降噪（Adaptive Noise Reduction，ANR）模块和卷积特征提取（Convolutional Feature Extraction，CFE）模块三个部分组成。DPB 采用组合输入预处理方法将原始 I/Q 输入和 A/P 拼接，生成一种适用于二维卷积处理的样本序列；ANR 模块对进行预处理后的组合输入样本序列进行降噪处理，其主要操作是使用卷积做初步的特征提取和增加通道数目、使用通道注意力机制获得信号的全局信息表达作为软阈值函数的阈值设定、将初步提取后的特征做降噪处理以获得包含更多有效特征信息的特征数据；CFE 模块用于提取信号中的有效特征信息，以便分类器进行调制类型的识别。

DPB 将接收到的无线电基带信号表示为时间的函数，通常将 I/Q 表示为 $x(t) = x_1(t) + \mathrm{j}x_Q(t)$，其中信号 $x(t)$ 的实部和虚部分别代表 I 和 Q 分量，以一定的频率对信号进行采样，形成信号样本长度固定的离散时间数据系列 $I = [i_1, i_2, \cdots, i_N]$ 和 $[q_1, q_2, \cdots, q_N]$。同时，信号 $x(t)$ 可表示为复数形式 $x(t) = x_A(t) \cdot \mathrm{e}^{\mathrm{j}x_P(t)}$，$x_A(t)$ 为信号 $x(t)$ 的幅度分量、$x_P(t)$ 为信号 $x(t)$ 的相位分量，且可以用离散方式表示为

$A = [a_1, a_2, \cdots, a_N]$ 和 $[\varphi_1, \varphi_2, \varphi_3, \cdots, \varphi_N]$，同相正交分量与幅度相位分量之间的关系为 $a_n = \sqrt{i_n{}^2 + q_n{}^2}$ 和 $\varphi_n = \arctan(i_n / q_n)$，$n = 1, 2, \cdots, N$。每个调制信号的幅度相位分量形式可以表示为

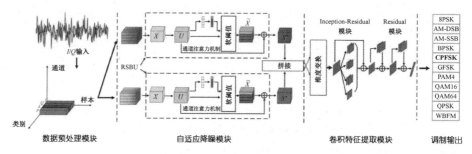

图 6.36　CANR 网络结构

$$Y_{AP} = [s_1, s_2, \cdots, s_n, \cdots, s_N] = \begin{bmatrix} a_1 & a_2 & \cdots & a_n & \cdots & a_N \\ \varphi_1 & \varphi_2 & \cdots & \varphi_n & \cdots & \varphi_N \end{bmatrix}, n = 1, \cdots, N \qquad (6\text{-}7)$$

式中，每一个样本点的向量形式表示为 $s_n = [a_n, \varphi_n]^T$，N 是样本点的数量，s_n 表示 Y_{AP} 的第 n 个样本点。将 I/Q 和 A/P 数据通过组合输入特征方式，产生新的训练数据集 Y_{DPM}，其结构为

$$Y_{DPM} = \begin{bmatrix} Y_{IQ} \\ Y_{AP} \end{bmatrix} = \begin{bmatrix} r_1, r_2, \cdots, r_n, \cdots, r_N \\ s_1, s_2, \cdots, s_n, \cdots, s_N \end{bmatrix} = \begin{bmatrix} i_1 & i_2 & \cdots & i_n & \cdots & i_N \\ q_1 & q_2 & \cdots & q_n & \cdots & q_N \\ a_1 & a_2 & \cdots & a_n & \cdots & a_N \\ \varphi_1 & \varphi_2 & \cdots & \varphi_n & \cdots & \varphi_N \end{bmatrix} \qquad (6\text{-}8)$$

这种数据融合方法为后续的 ANRS 模块提供了高质量的数据源。ANR 模块将软阈值降噪算法集成到通道注意力机制（SE-Block）中，通过深度学习中的梯度下降法自适应地学习并优化不同信噪比下训练数据的软阈值参数直至最优。CFE 模块由一个 Inception-Residual 模块和两个 Residual 模块级联而成，用于提取特征中的时间空间特征，再通过批归一化、ReLU 激活函数、池化和一个全连接层实现特征分类。特征分类中使用全局平均池化进行下采样并将空间向量展平成一维向量，再使用全连接层处理达到分类的效果。

图 6.37 和图 6.38 分别给出了 CANR 网络在数据集 RadioML2016.10a 和 RadioML2016.10b 上的识别准确率比较，可见在 6 种网络结构中，CANR 网络的识别准确率最好。不同调制识别模型参数对比的实验结果统计如表 6.10 所示，可见与我们提出的 DPM-SCNN 比较，CANR 的平均准确率下降了 0.3%，但计算时间减少了 74.36%[30]。在 3 种信噪比（6 dB、0 dB、18 dB）下，不同模型结构的混淆矩阵比较见图 6.39。由图 6.39 可见，相同模型结构下信噪比越低，准

确识别信号类型难度越大；不同模型结构识别信号的准确率不同，构建新的模型结构提高信号的识别准确率是今后的发展方向。

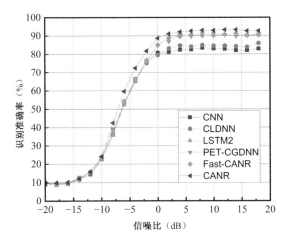

图 6.37　RadioML2016.10a 识别准确率比较

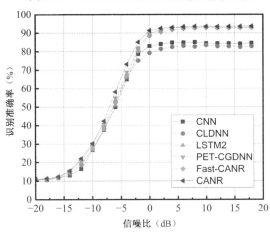

图 6.38　RadioML2016.10b 识别准确率比较

表 6.10　不同调制识别模型参数对比

模型	参数量	训练时间（s）	计算时间（ms）	最大准确率（%）	平均准确率（%）
CNN	2 830 427	33	0.15	83.8	56.61
CLDNN	2 669 443	48	0.22	88.5	57.53
LSTM2	201 099	619	2.812	91.5	60.44
PET-CGDNN	71 871	42	0.187	91.36	60.44
DPM-SCNN	10 094 579	334	**1.52**	**93.7**	61.13
CANR	165 243	86	**0.39**	**93.4**	63.03
Fast-CANR	30 999	38	0.177	91.44	60.59

（3）QSGCNet 模型。

正交信号图分类网络（Quadrature Signal Graph Classification Network，QSGCNet）模型如图 6.40 所示，由输入 *I/Q*、正交信号对称自适应可视图（Orthogonal Signal Symmetric Adaptive Visibility Graph，QSSAVG）模块和正交信号图分类网络 QSGCNet 3 部分组成。第一部分"输入 *I/Q*"数据有两个流向，一个流向是原始 *I/Q* 经过 QSSAVG 模块映射为无线电信号图，另一个流向是原始 *I/Q* 经过反对称变换和 QSSAVG 模块映射为无线电信号图，QSSAVG 模块的数据处理流程示意如图 6.41 所示。这些无线电信号图在第二部分"QSSAVG 模块"进行特征融合后进入第三部分"QSGCNet"，结合适用于图分类的图神经网络模型构造 QSGCNet 模型[29]。

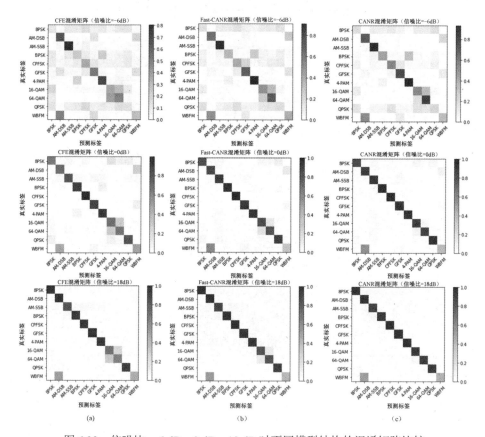

图 6.39　信噪比=-6 dB、0 dB、18 dB 时不同模型结构的混淆矩阵比较

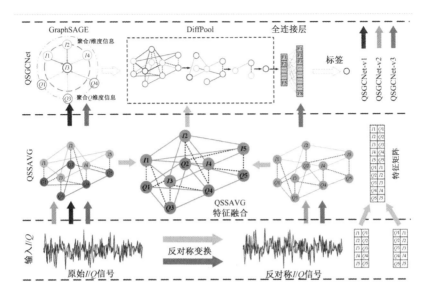

图 6.40　QSGCNet 模型

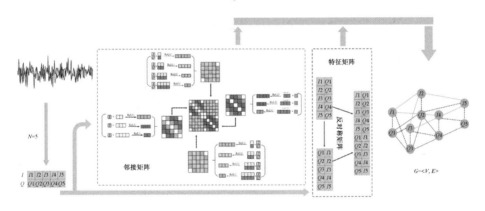

图 6.41　QSSAVG 模块的数据处理流程示意

第二部分"QSSAVG"将无线电调制信号的采样值映射到图中，在第三部分"QSGCNet"设置无线电信号图的特征向量后，使用 GraphSAGE 和 DiffPool 作为图分类模型处理无线电信号图，在得到特征向量后，通过一个全连接层处理达到分类的效果。针对卷积后的特征经 ReLU 激活后会丢失负值信息的情况，提出了 QSGCNet-v1、QSGCNet-v2 和 QSGCNet-v3 三种图分类网络，其中，QSGCNet-v1 将调制信号映射成无线电信号图后直接使用图分类网络识别；QSGCNet-v2 将调制信号和经过反对称变换的信号映射为两个无线电信号图，然后通过叠加两个无线电信号图的邻接矩阵来避免使用 ReLU 激活丢失负值采样点之间的关系；QSGCNet-v3 首先将调制信号和经过反对称变换后的信号映射为无线电信号图，其次使用图分类网络获取特征信息，再次将特征拼接，最后通过全连接层进行分类，从而保留样本信号在映射过程中的负值采样点之间的关系。

QSSAVG 方法中含有两个超参数 m 和 p，其中超参数 m 表示调制信号在通道 I 和 Q 内前后采样点之间的时间相关性，超参数 p 表示通道 I 和 Q 间序列的空间结构相关性。在 RadioML2016.10a 数据集上，不同网络结构和超参数 m、p（$m=p$）与识别准确率的关系如图 6.42 所示。图 6.42（a）表明，当超参数 m、p 小于 5 时，QSGCNet-v2 网络的性能明显优于其他模型；当 $m=p=2$ 时，QSGCNet-v2 的识别准确率分别高出 QSGCNet-v1 和 QSGCNet-v2 近 16% 和 6%；在所有的超参数取值下，QSGCNet-v2 结构的识别准确率表现更为稳定，且在三个模型中总体识别准确率最高。对比图 6.42（b）、图 6.42（c）、图 6.42（d）三种网络在不同信噪比下的分类性能，发现它们的识别准确率几乎相近，表明方法具

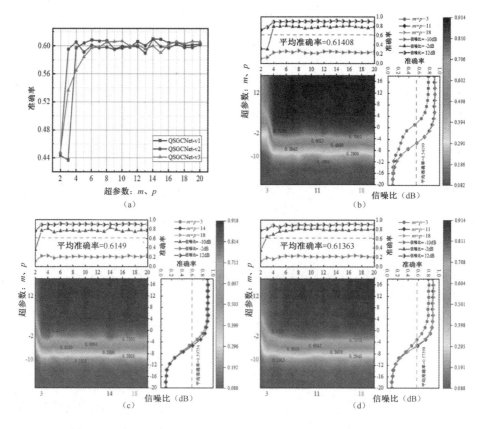

图 6.42　不同网络结构和超参数 m、p（$m=p$）与识别准确率的关系

有稳健性；当超参数 m、p 不断增大时，时间序列的有效图关系信息捕获更多，分类方法的准确率也在不断提高，当 $m=p=14$ 时，QSGCNet-v2 网络的识别准确率达到 91.8%。在下面的比较实验中，将 QSGCNet-v2 网络统称为 QSGCNet。表 6.11 给出了在 RadioML2016.10b 数据集上不同调制识别模型识别参数对比，可以看出 QSGCNet 相较于经典的 CNN2 方法其最大准确率提升近 8%，平均准确率提升了 4.62%，同时相较于高精度 LSTM、GRU2 模型也有不同程度的提升，此外 QSGCNet 模型的训练参数量在 4 个对比方法中最少。

表 6.11　不同调制识别模型识别参数对比

模型	参数量	模型大小（MB）	最大准确率（%）	平均准确率（%）
CNN2	2 830 427	10.83	83.80	56.61
CLDNN	2 669 443	30.65	88.50	57.53
LSTM	201 099	0.82	91.50	60.44
GRU2	151 179	2.45	91.36	60.44
QSGCNet	456 424	1.84	91.80	61.23

（4）AMIF 结构。

自适应降噪多信息融合小样本网络（Adaptive Noise Reduction and Multi Information Fusion Small Sample Network，AMIF）结构如图 6.43 所示。AMIF 结构由输入层、降噪层、卷积层、特征拼接层、特征融合层和输出层构成，各层对应的结构参数如表 6.12 所示。输入层将每个时间信号的 I/Q 和 A/P 分量作为网络特征输入，每个样本向量的维度为 2×128。降噪层采用自适应降噪模块对调制信号进行降噪，自适应降噪模块输出通道数目为 1。模型中卷积层由 3 部分构成，其中前置的批归一化层通过归一化改变降噪后的特征信息分布，使新的特征信息分布更切合真实分布，从而保证模型的非线性表达能力。在批归一化层后使用含有 128 个卷积核，卷积核大小为 5 的一维卷积，其中卷积核移动步长为 1。对于经过一维卷积初步提取的特征信息，接着使用一维最大池化层保留原来特征中的重要信息，其中池化步长为 3。最后，对池化后的特征使用大小为 3，步长为 1，卷积核个数为 128 的一维卷积做进一步特征提取。对于降噪和卷积特征提取后的 I/Q 和 A/P 输出，特征拼接层按照特征信号采样点维度做拼接，将原来维度为 39×128 的特征向量拼接为维度为 39×256 的向量，增加每个样本序列的特征信息表达。特征融合层对特征信息进行拼接后，使用两个 LSTM 层融合拼接后的 I/Q 和 A/P 信息，其中第一个 LSTM 层中输出维度为 39×256，设置输出全部序列，并使用 Tanh 函数激活。第二个 LSTM 层输出维

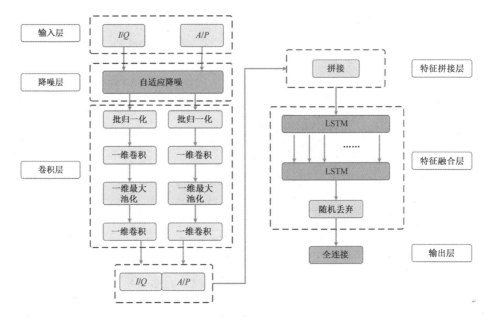

图 6.43　AMIF 结构

度为 256，使用 Tanh 函数激活。输出层向特征融合层输出高维特征信息，其后的输出层使用一个包含 11 个神经元的全连接层作为调制类型结果预测输出。由于 AMIF 克服了现有技术的缺陷，具有实用价值，因此申请了国家专利进行保护[30]。

表 6.12　AMIF 中各层对应的结构参数

网络层	结构	输出维度
输入层	Reshape（2×128×1）	2×128×1，2×128×1
降噪层	自适应降噪（K=1）	2×128×1，2×128×1
卷积层	批归一化+一维卷积（128,5）+ReLU+一维最大池化（2）+ 一维卷积（128,3）+ReLU	39×128，39×128
特征拼接层	拼接	39×256
特征融合层	LSTM（256）+Tanh+LSTM（256）+Tanh	256
输出层	全连接（11）+Softmax	11

实验结果表明，在 10%数据集和不同信噪比下，AMIF 在所有对比方法中保持最高的识别准确率，实现了小样本数据下的高效识别；当 AMIF 模型稀疏度为 0.8 时，识别准确率、参数量和模型大小可以达到更好的平衡，实现模型在拥有较高识别准确率的同时，最大可能降低模型的参数量。

> **小提示 9：频谱监测与 IQ 监测**
>
> 频率占用或频道占用是传统无线电监测关注的重要参数。上述研究表明，如果从频域进行监测，电磁空间中噪声电平以下是看不见信号的。然而事实是，如果从时域进行 IQ 监测，噪声电平以下可能存在信号，例如，从图 6.33 可见，当信噪比为 -5 dB 时，无线电信号识别率大于 67%。因此，对于一些重要频段和业务，建议主管部门增加 IQ 监测要求，这样可以避免传统频谱监测结论为没有信号，而实际上信号确实存在的尴尬案例发生。

6.5.3 GNSS 干扰欺骗数据集

GNSS 提供精确的定位、导航和授时功能，在军事和国民经济各行各业发挥着关键作用，其安全问题成为目前人们关注的焦点。GNSS 信号强度较弱且民用 GNSS 信号具有开放结构，因此容易受到干扰或欺骗。GNSS 信号干扰和欺骗轻则影响 GNSS 定位精度或提供错误的导航路线，降低服务质量；重则导致 GNSS 信号中断，提供虚假时间和位置信息，造成经济损失和军事行动失败等。因此，研究 GNSS 信号干扰和欺骗检测算法具有重要意义，表 6.13 给出了典型的 GNSS 信号干扰和欺骗数据集[31]，以便读者进行检测算法研究。

表 6.13 GNSS 信号干扰和欺骗数据集

机构	类型	大小
坦佩雷大学	干扰仿真	457.0 MB
埃塞克斯大学	干扰仿真	1.9 GB
坦佩雷大学	干扰实测	48.7 GB
Links 基金会	欺骗实测	15.2 MB
得克萨斯大学	欺骗实测	424 GB
橡树岭国家实验室	欺骗实测	153.6 GB
云南大学	干扰欺骗实测	60 GB

云南大学 GNSS 信号干扰和欺骗数据集是在云南大学东陆校区实验采集获得的。实验时，GNSS 信号接收设备安装在科学馆 508 阳台上，移动干扰攻击设备和欺骗攻击设备，分别记录干扰信号和欺骗信号对卫星 GNSS 信号传输载噪比的影响。图 6.44 为实验场景图；表 6.14 为实验条件设备清单；表 6.15 为干扰实验过程；表 6.16 为 GPS 欺骗实验过程。干扰实验时，干扰设备（内置天

线）放置在东陆校区科学馆 508 室内，打开电源即可发射干扰。干扰每隔 60 s
发射一次，持续时间约为 60 s。在 2023 年 12 月 21 日 12:00—18:00 期间，共实
施了 10 次干扰攻击。GPS 欺骗实验时，连接 Hack RF 到计算机（Ubantu 系统），
打开 cmd 窗口，将路径切换到存放开源码"Open source gps-sim"下，按照下列
顺序运行代码以生成和发射欺骗信号。

（1）选取伪位置（纬度，经度）。

例如，P1 为拉萨市人民医院（29.65628015,91.12575044）；P2 为呈贡校区
图书馆（24.830697,102.855219）；P3 为昆明市翠湖公园（25.054743,102.710169）。

（2）生成欺骗数据。

运行代码"./gps-sdr -e brdc0010.22n -l 29.6562801500,91.1257504400 -b 8"。

（3）发射欺骗数据。

运行代码"hackrf_transfer -t gpssim.bin -f 1575420000 -s 2600000 -a 1 -x 40 -R"，
"-t"后为步骤（2）中生成的欺骗数据；"-x"后为发射功率；"-R"表示重复发
送；输入"Ctrl+C"结束发送。

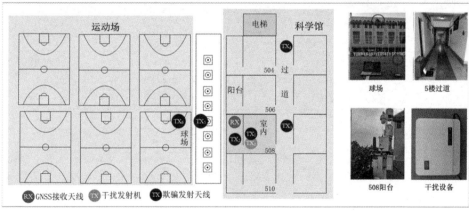

图 6.44　实验场景图

表 6.14　实验条件设备清单

类型	设备/软件	功能/说明
接收设备	GNSS 接收天线	接收多频段 GNSS 信号
	U-blox 高精度接收机	处理 GNSS 信号
	U-center 软件	接收机参数设置
	智能手机	充当 GNSS 接收机，查看实时定位
	GNSSLogger 软件	记录 GNSS 数据
	吸盘天线	收发信号（收）
	PC（Windows 系统）控制计算机	用于采集、保存和处理数据
干扰攻击	干扰设备（大功率信号屏蔽器）	发射大功率信号，屏蔽或干扰周围的通信设备
欺骗攻击	吸盘天线	收发信号
	Hack RF One SDR	用于产生虚假 GPS 数据流文件并广播
	计算机（Ubantu 系统）	用于生成和发射欺骗
	Open source gps-sim 软件	利用 Hack RF 编程产生虚假 GPS 信号

表 6.15　干扰实验过程

	发射时间	数组下标	结束时间	数组下标
1	16:56:00	17 740	16:57:00	17 840
2	16:58:03	17 863	16:59:03	17 963
3	17:00:20	18 000	17:01:26	18 106
4	17:03:00	18 180	17:04:00	18 300
5	17:06:00	18 340	17:07:00	18 440
6	17:09:00	18 520	17:10:00	18 620
7	17:12:00	18 700	17:13:00	18 800
8	17:15:00	18 880	17:16:00	18 980
9	17:17:30	19 030	17:18:30	19 130
10	17:19:30	19 150	17:20:30	19 250

表 6.16　GPS 欺骗实验过程

	伪位置	发射位置	发射时间	数组下标	结束时间	数组下标
1	P1	室内	12:32:30	1 923	12:37:00	2 245
2	P1	室内	12:38:41	2 292	12:41:20	2 532
3	P2	室内	12:44:05	2 610	13:02:00	3 790
4	P2	室内	13:18:30	4 685	13:23:40	5 045
5	P2	室内	13:27:50	5 180	13:59:59	7 235
6	P2	室内	14:05:00	7 580	14:10:18	7 838
7	P2	室内	14:12:00	7 900	14:15:00	8 120

	伪位置	发射位置	发射时间	数组下标	结束时间	数组下标
8	P1	室内	14:18:00	8 260	14:30:00	9 020
9	P1	室内	14:35:00	9 280	14:40:15	9 635
10	P1	阳台	14:45:00	9 880	14:50:30	10 250
11	P1	阳台	14:52:00	10 300	14:58:00	10 700
12	P2	阳台	15:11:00	11 440	15:15:00	11 720
13	P2	阳台	15:17:00	11 800	15:30:00	12 600
14	P2	过道	15:43:00	13 330	15:48:00	13 760
15	P2	过道	15:55:00	14 080	16:00:00	14 420
16	P2	过道	16:10:00	14 980	16:15:30	15 350
17	P2	球场	16:20:00	15 580	16:23:00	15 800
18	P2	球场	16:30:00	16 180	16:36:00	16 580
19	P2	球场	16:40:00	16 780	16:44:00	17 060

注：数组下标的计算方式为（小时-12）×3600+分×60+秒。

（4）测试欺骗是否成功。

由于 U-blox 接收机可接收多星多频段 GNSS 信号，且具有抗欺骗机制，发射欺骗后 PVT 解算结果中位置并不会变成伪位置，此时可通过智能手机中的导航软件查看位置是否改变。欺骗实验中在不同地点发射了欺骗信号，如表 6.16 所示。表中"发射位置"列表示欺骗发射天线所在的位置（室内、阳台、过道、运动场）；"发射时间"和"结束时间"列表示 Hack RF 开始发射欺骗和结束的时间，本次实验中每次欺骗持续的时间不同；"数组下标"列表示每次欺骗开始和结束在载噪比矩阵中的时间顺序下标。

数据采集和处理过程描述见论文[32]，图 6.45 给出了干扰发生时，载噪比 C/N_0 热图随时间的变化情况，由图可见，左上侧第 1 张图（1.png）表明干扰攻击已经出现一段时间，随时间的增加干扰攻击数据渐渐增多，至第 12 张图（12.png）时热图中全部像素点均受到干扰攻击，没有正常信号（未受干扰攻击）像素点了。图 6.46 给出了欺骗出现时，典型 GPS 信号载噪比 C/N_0 热图随时间的变化情况。由图 6.46 可见，左上侧第 1 张图（1.png）表明开始出现欺骗信号，随时间的增加欺骗信号渐渐增多，至第 45 张图（45.png）时欺骗信号结束。

图 6.45　干扰发生时，载噪比 C/N_0 热图随时间的变化情况

图 6.46　欺骗出现时，载噪比 C/N_0 热图随时间的变化情况

> **小提示 10：无线通信和无线电监测**
>
> 无线通信和无线电监测是两个非常重要的领域，无线通信属于无线电业务，无线电监测目标是避免电磁干扰，确保无线电业务的正常、安全运行。由于历史的原因，无线电监测技术设施主要关注频域监测，例如，监测频率范围和扫描速度等，对调制测量能力的要求相对不足。同时，由于技术原因，无线电监测系统中收发是不相关的，即监测接收机不知道信源和传输信道的特性，无线电监测技术设施获取电磁空间信息的能力相对不足。因此，对一些重要频段和业务，建议主管部门采用谱传感的思想增强信息获取能力，进一步提升无线电安全保障能力。例如，在上述 GNSS 干扰和欺骗监测中，我们采用 GNSS 接收机从通信域获取了不同卫星的载噪比 C/N_0 信息，对 GNSS 信号实现了高效监测，避免了传统 GNSS 干扰和欺骗监测方法的弊端。

6.5.4　无线电地图重构数据集

无线电地图重构数据集通过射线法计算产生，目前公开的数据集为 2D 数据集[33]和 3D 数据集[34]，城市地图取自 OpenStreetMap[35]。2D 数据集和 3D 数据集由 701 张分辨率为 256×256 的城市地图构成，对于每一张城市地图，都模拟了 80 次不同发射源位置时生成的无线电地图，共 56 080 张。采用 WinProp 软件仿真得到 2D 数据集，仿真方法包括主路径模型（Dominant Path Model，DPM）和智能射线追踪（Intelligent Ray Tracing，IRT4），仿真时发射和接收天线高度为 1.5 m，建筑物高度为 25 m，频率为 5.8 GHz，2D 无线电仿真地图如图 6.47 所示。与 2D 数据集不同，Radio3Dmapseer 数据集构建考虑了建筑高度和发射天线高度，并在多重射线的相互作用下进行模拟，传播过程路径损耗计算更加复杂，传播模式也更加丰富，3D 无线电仿真地图如图 6.48 所示，发射天线安装在屋顶；建筑物为 2～6 层楼；线条示意电波射线；计算空间热图示意无线电波场强分布。无线电地图作为电磁空间中无线电波传播特征的可视化表示，是无线电管理和无线网络优化的有效工具。基于上述 2D 数据集和 3D 数据集，我们分别提出了 ACT-GAN、DC-Net 和 REM-Net 无线电地图重构模型，下面分别介绍这些模型及其应用。

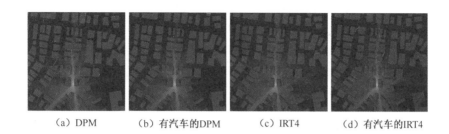

（a）DPM　　　　（b）有汽车的DPM　　　　（c）IRT4　　　　（d）有汽车的IRT4

图 6.47　2D 无线电仿真地图

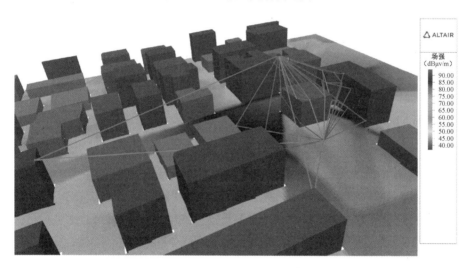

图 6.48　3D 无线电仿真地图

（1）ACT-GAN。

为了解决现有无线电地图构建精度低的问题，我们提出了一种新的基于生成对抗性网络（Generative Adversarial Network，GAN）的无线电地图构建模型 ACT-GAN[34]，该模型的特点是生成器采用了聚合上下文转换（Aggregated Contextual-Transformation，AOT）模块、卷积块注意力模块（Convolutional Block Attention Module，CBAM）和转置卷积（Transposed Convolution，T-Conv）模块，ACT-GAN 模型的结构如图 6.49 所示。ACT-GAN 模型由一个增强的生成器和一个鉴别器组成，鉴别器采用具有卓越性能的全卷积 Patch-GAN。生成器采用如图 6.50 所示的编码器结构。与普通的编码器不同，每个编码器层由串联起来的卷积模块、CBAM 和 AOT 模块组成。在这些模块中，卷积模块用于特征编码和下采样；CBAM 用于促进网络学习感兴趣的频道或感兴趣区域的位置；AOT 模块用于捕获图像中的多尺度上下文信息。在上述编码器结构中，AOT 模块是确保构建的无线电地图具有清晰纹理的关键。总的来说，新设计的编码器可以更好地提取地图特征并感知远程信息交互作用。AOT 模块采用自上而下的"拆分—转换—聚合"策略，最后的输出为

$$\text{out} = x_2 \times g + x_1(1-g) \tag{6.9}$$

式中，g 为自适应超参数。解码器的功能是从高维空间到低维空间映射特征，实现特征解码。每个解码器层都由 CAT 模块和 T-Conv 模块组成，旨在恢复每层的语义信息。ACT-GAN 模型生成器卷积层结构参数如表 6.17 所示。

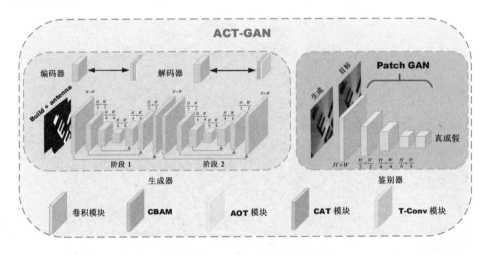

图 6.49　ACT-GAN 模型的结构[36]

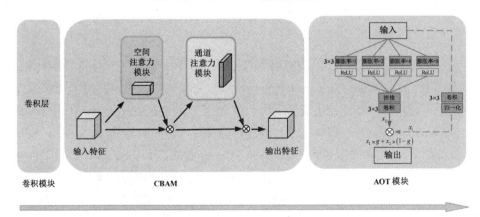

图 6.50　编码器的结构[36]

表 6.17　ACT-GAN 模型生成器卷积层结构参数

层	输入	1	2	3	4	5	6	7	输出
分辨率	256	256	128	64	32	64	128	256	256
通道	2 或 3	64	128	256	512	256	128	64	1
核	—	7	4	4	4	3	3	3	—

　　无线电地图的构建过程和应用场景如图 6.51 所示。构建过程涉及数据收集、算法分析及应用 3 个阶段。应用场景包括 3 类，第一类为已知发射机位置和建筑物空间分布，目标是训练用于预测从发射机位置矢量（x）到任意接收点位置矢量（y）传播路径损耗的神经网络，该场景主要用于无线网络优化和传播覆盖预测；第二类为已知发射机位置、建筑物空间分布和传感器收集的空间场强样本数据，目标是通过无人机或自动驾驶汽车采集物理空间中的样本数据构建高质量的无线电地图；第三类为已知建筑物空间分布和传感器收集的空间场强样本数据，目标涉及 NLOS 环境下根据样本数据估计发射机的位置，这种场景主要用于无线电监测和无线电管理。针对第一类应用场景，仿真结果表明，不同门限下 ACT-GAN 模型的均方根误差（Root Mean Square Error，RMSE）都最小，如图 6.52 所示。图中，参与比较的模型包括径向基函数（Radial Basis Function，RBF）神经网络、深度自编码器（Deep Auto-Encoder，Deep AE）、RadioUNet（first U）和 RadioUNet（second U），这里 first U 和 second U 分别对应 RadioUNet 的第一和第二训练阶段。

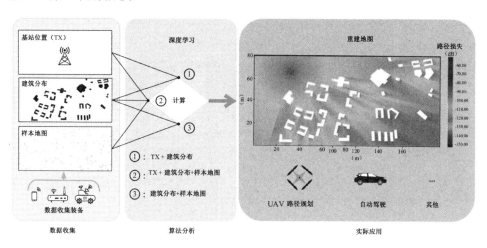

图 6.51　无线电地图构建过程和应用场景[34]

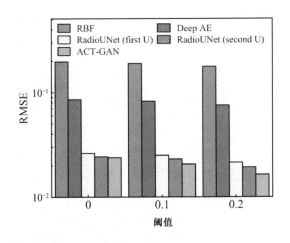

图 6.52　不同阈值和模型下的 RMSE 比较[34]

针对第二类应用场景，我们计算比较了不同模型和不同设置条件下的 RMSE 和 NMSE，结果如表 6.18 所示。在表 6.18 中，设置 a 表示 1%的测量数据均匀分布；设置 b 表示样本数据分布不平衡；设置 c 表示样本数据非均匀分布。由表 6.18 可见，ACT-GAN 的 RMSE 和归一化均方误差（Normalized Mean Square Error，NMSE）最小，构建的无线电地图精度最高。此外，我们还比较了 5 种不同模型在均匀采样和固定率分别为 4%、7%、10%条件下 RMSE 与 NMSE 的比较，结果如图 6.53 所示。由图 6.53 可见，ACT-GAN 模型的性能最好。

表 6.18　不同模型和不同设置下 RMSE 与 NMSE 的比较

模型	设置 a		设置 b		设置 c	
	NMSE	RMSE	NMSE	RMSE	NMSE	RMSE
Kriging	0.8836	0.1947	0.8987	0.1962	1.0146	0.1968
RBF	0.3532	0.1343	0.1830	0.0884	0.6687	0.1670
Deep AE	0.1898	0.0998	0.3152	0.1295	0.0336	0.0349
Unet	0.0093	0.0220	0.0053	0.0166	0.0038	0.0179
RadioUnet	0.0052	0.0164	0.0042	0.0148	0.0035	0.0171
RME-GAN	**0.0043**	0.0151	0.0036	0.0130	—	—
ACT-GAN	0.0046	**0.0133**	**0.0032**	**0.0111**	0.0035	**0.0118**

针对第三类应用场景，如何解决采样点数量、采样频率与无线电地图重构精度的矛盾是两个重要的问题。针对第一个问题，我们研究了不同模型和采样点数量 Ω（共 256×256 个待采样点）下无线电地图重构误差比较，如表 6.19 所示。由表 6.19 可见，在不同条件下 ACT-GAN 模型地图重构的 8 个误差中有 7 个

是最小的。针对第二个问题，在选择采样位置后，我们将取样点（1m×1m）扩展为取样方块（4m×4m），这种采样方法降低了每个采样点之间对数传播路径损耗的相关性。图 6.54 给出了不同采样比例下的平均欧式距离比较。由图 6.54 可见，当采样点数量为 150 时，发射源定位误差大约为 1m，即定位平均误差为 1 个像素。注意：上述计算时没有考虑建筑物区域像素的影响，如果考虑建筑物区域，发射源定位误差将增大。

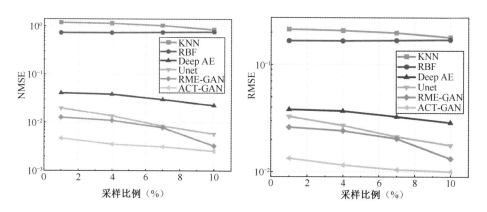

图 6.53　5 种不同模型在均匀采样和固定率分别为

4%、7%、10%条件下 RMSE 与 NMSE 的比较[34]

表 6.19　不同模型和采样点数量 Ω 下无线电地图重构误差比较

模型	Ω=20		Ω=50		Ω=100		Ω=150	
	NMSE	RMSE	NMSE	RMSE	NMSE	RMSE	NMSE	RMSE
Kriging	0.2537	0.7305	0.2338	0.5412	0.2280	0.5535	0.1993	0.4258
RBF	0.2069	0.4054	0.1966	0.4238	0.1898	0.4129	0.1969	0.3920
Deep AE	0.0828	0.0850	0.0743	0.0694	0.0704	0.0623	0.0645	0.0523
Unet	0.0933	0.0975	0.0723	0.0603	0.0533	0.0328	0.0453	0.0238
RadioUnet	0.0249	0.0089	0.0180	0.0043	0.0145	0.0027	0.0129	0.0020
RME-GAN	0.0233	**0.0082**	0.0167	0.0038	0.0134	0.0023	0.0119	0.0017
ACT-GAN	**0.0227**	0.0086	**0.0155**	**0.0033**	**0.0124**	**0.0018**	**0.0106**	**0.0013**

（2）DC-Net。

DC-Net（Distant-range Content interaction Network）是我们提出的另外一种构建无线电地图的深度学习模型[37]，其网络结构如图 6.55 所示。这是一种具有跳跃连接（Skip Connection）编解码体系结构的双 U 形卷积网络。编码部分，特征图通过顺序卷积和最大池化实现维度转换和下采样。随后，特征图沿着 3 个

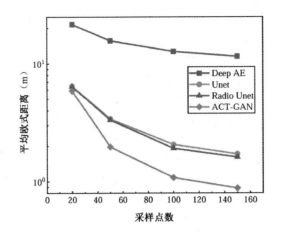

图 6.54　不同采样比例下的平均欧式距离比较[34]

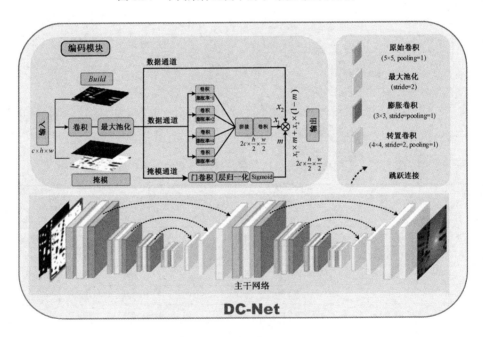

图 6.55　DC-Net 的网络结构[37]

分支平行向前传播，这里定义为上、中、下分支。首先，上分支和中分支为数据通道。上分支中的信息传输通过剩余连接，而中分支涉及从左到右的拆分、转换和交互。拆分：在通道维度上，特征图被 4 等分，而其他维度不变。转换：已拆分的 4 组特征图使用膨胀率为 1、2、4 和 8 的膨胀卷积进行特征转换。交互：来自不同接受者的语义信息字段在通道维度上拼接在一起，然后进行 3×3

常规卷积以进行相互作用，这种相互作用机制有效地解决了由膨胀卷积引起的信息丢失和网格化问题。随后，下分支起到掩模通道的作用，这在未知发射源位置的无线电地图构建任务中至关重要。最后，来自 3 个分支的语义信息进行自适应融合，自适应融合公式为

$$\text{out} = x_1 \times m + x_2(1-m) \tag{6.10}$$

式中，m 为自适应掩码超参数。

　　基于公共数据集的实验结果表明，DC-Net 模型的 2D 地图构建精度达到了文献报道的最高技术水平（State of the Art），不同采样点下各种模型的无线电地图重构误差比较如表 6.20 所示。

表 6.20　不同采样点下各种模型的无线电地图重构误差比较

模型	$\Omega=20$		$\Omega=50$		$\Omega=100$		$\Omega=150$	
	NMSE	RMSE	NMSE	RMSE	NMSE	RMSE	NMSE	RMSE
Deep AE	0.1192	0.1644	0.0887	0.0907	0.0659	0.0509	0.0559	0.0369
Unet	0.0238	0.0071	0.0199	0.0054	0.0161	0.0034	0.0151	0.0022
C-GAN	0.0270	0.0100	0.0217	0.0064	0.0184	0.0044	0.0163	0.0034
ACT-GAN	0.0208	0.0063	0.0181	0.0046	0.0162	0.0033	0.0137	0.0023
RadioUnet	0.0222	0.0054	0.0187	0.0040	0.0152	0.0031	0.0142	0.0022
DC-GAN	**0.0162**	**0.0038**	**0.0135**	**0.0024**	**0.0115**	**0.0017**	**0.0106**	**0.0014**

（3）REM-Net。

　　我们提出了一种用于构建 3D 无线电环境地图的高分辨率神经网络（Radio Environment Maps with High-resolution Neural Network，REM-Net）模型，该模型是一种由卷积编码头、高分辨率主体和卷积解码尾构成的高性能卷积神经网络，通过扩充感受野和减缓信息丢失实现高精度地图重建。此外，为更好地捕获 3D 传播环境下的多尺度阴影衰落，我们进一步提出了 REM-Net+：一种受传播路径信道衰落引导学习的 REM-Net。其中，传播路径衰落地图由基于最小二乘的两阶段参数估计模型实时提供，为 REM-Net 的学习过程提供一般性指导。大规模的 Radio3Dmapseer 数据集上的实验结果表明，REM-Net 模型明显优于目前文献报道的方法，图 6.56 为 REM-Net 模型的结构示意。经德国柏林工业大学通信与信息理论主席 Cagkan Yapar 在预保留测试集上的测试证实，REM-Net 模型 3D 地图构建精度达到了目前文献报道的最高技术水平（State of the Art），各模型在预保留测试集上的测试精度比较如表 6.21 所示。

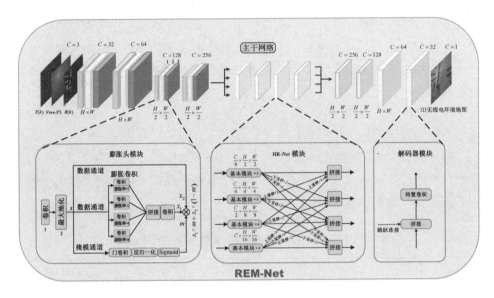

图 6.56　REM-Net 模型的结构示意

表 6.21　预保留测试集上的测试精度比较

模型	RMSE
PPNet	0.0507
Agile（MSE 损失函数）	0.0514
Agile（MSE 损失函数）	0.0461
Agile（KL 损失函数）	0.0451
PMNet（微调）	0.0959
PMNet（数据增强）	0.0633
PMNet $[(H/8) \times (W/8)]$	0.0383
REM-Net	**0.0374**
REM-Net+	**0.0349**

小提示 11：NLOS 环境下的无线电定位

NLOS 环境下的无线电定位是目前尚未完全解决的问题。我们提出了基于无线电波传播先验信息的定位方法，其基本思想是：仿真研究区域的电波传播特性，在此基础上结合实际采集数据和深度学习模型构建无线电地图（256×256），并对发射源进行定位。图 6.50 的仿真结果表明，当取样数量为 150 时，定位平均误差为 1 个像素。

6.5.5 无线电监测覆盖预测数据集

国家非常重视固定监测设施的监测网覆盖率，例如，《国家无线电管理规划（2016—2020 年）》要求"按照属地化建设和管理原则，各地根据发展现状，采用固定、移动相结合的方式扩大监测覆盖，至少 80% 的县级及以上城市配有 VHF/UHF 监测设施，并具备固定、移动和可搬移相结合的全覆盖能力""因地制宜新建 VHF/UHF 固定监测站，扩大监测覆盖范围，与'十二五'末相比，以优化提升为主的监测网覆盖率提升不低于 5%（为相对值），以扩大覆盖为主的监测网覆盖率提升不低于 10%（为相对值）"[38]。然而，如何科学客观地评估无线电监测网覆盖率一直是无线电管理工作的主要难点之一。基于此，云南大学开发了基于 Web 的电波传播预测系统[39]，监测站用户通过手机号码注册，即可免费使用该系统进行监测覆盖范围的计算，下载无线电监测覆盖数据，建立监测站用户专用数据集，初步解决了无线电监测网覆盖率计算问题。图 6.57 为云南大学-电波传播预测系统界面。

图 6.57 云南大学-电波传播预测系统界面

（本图彩色版本见本书彩插）

1. 系统简介

云南大学-电波传播预测系统提供了对无线电信号进行传播预测的可视化平台，旨在满足无线电管理和无线网络规划的业务需求。该平台拥有广泛的适用性，可为无线电监测网覆盖率计算、无线基站规划、物联网设备部署和应急通信等多种场景提供技术支持。该系统基于 ITU-R P.1812 电波传播模型预测算法，融合地形变化、建筑遮挡等环境因素对信号传播的影响，结合数据分析和环境建模技术，实现无线电信号传播预测结果发布。该系统不仅具有预测特定频段下电波信号覆盖范围的能力，同时能根据后台提供的环境地形数据、信号特性等重要因素，生成直观的覆盖范围热图，为用户提供可视化数据呈现。

2. 主要功能

云南大学-电波传播预测系统内包含路径传播预测和区域传播预测两种应用模式，用户可根据具体场景需求进行选择。路径传播预测模式提供了传播路径剖面信息的可视化界面，适用于分析点—点路径下的信号传播变化；区域传播预测模式对覆盖范围内的信号场强变化进行了颜色区间映射处理，可根据预测结果生成对应区域的信号分布热图，适合于对基站信号覆盖范围和信号分布情况进行预测分析的场景。该系统内置了功能强大的交互式地图操作模块，用户可以直接在系统内访问在线地图平台。该模块允许用户加载地图图层，进行地图缩放和拖拽等操作，并且支持矢量地图和卫星地图的切换。用户可以轻松获取经纬度信息，并在地图上选择特定位置进行基站布置或调整，快速完成基站设置。交互式地图操作模块还支持预测结果的可视化图层叠加，通过定义海量点类，添加覆盖图层，可将预测结果直观地呈现在地图界面上，包括信号覆盖区域的热力图展示、传播路径的标注和可视化。

3. 预测模型

云南大学-电波传播预测系统基于 ITU-R P.1812 模型开发，该模型由国际电信联盟维护，其官方文档可通过点击系统下方按键进行查看。该模型针对复杂地理环境和传播路径条件，包括城市、郊区、山区以及不规则地形等情况，对电波传播衰减进行了建模和预测。相较于许多其他电波传播模型，ITU-R P.1812模型考虑了地形、建筑物遮挡等因素对信号传播的影响，适用频率为30～6 000 MHz，路径长度达 3 000 km 的应用场景。模型算法提供了基于路径剖面分析的场强预测方法，考虑沿着路径的地形（裸露地面）和针对特定路径的地物（覆盖地面）类别，包括使用实际地形高度和地形剖面之上地物高度构建地形剖面图。模型计算考虑了视距传播、衍射传播、对流层散射和反射造成的信号衰减，并将这些传播机制相结合引起的基本传输损耗进行插值融合，最后对位置可变性效应和建筑物损耗进行分析计算得到最终预测值。

4. 覆盖率计算示例

本书以云南大学无线电监测站为例，计算该站的地域覆盖率，以及天线高度、频率、发射功率、接收机灵敏度和监测站位置等因素对监测覆盖率的影响。计算平台采用云南大学–电波传播预测系统，系统界面如图 6.57 所示。发射参数设置参考 VHF/UHF 监测网功能和能力评估规范[40]，表 6.22 为评估规范建议的地域覆盖能力评估-VHF/UHF 频段典型业务发射参数；计算结果如表 6.23 所示，计算时输入时间概率 50、垂直极化、计算间隔 100 m。计算结果表明，当计算半径分别为 50 km、25 km 和 10 km 时，计算时间分别为 4 小时 45 分、2 小时 1 分 15 秒和 47 分 20 秒；预测点数分别为 178 920、89 724 和 35 724。计算半径为 10km、25km 和 50km 时的覆盖图分别如图 6.58～图 6.60 所示，对于发射频率为 410 MHz、发射功率为 25W、天线增益为 5 dBi、天线高度为 50 m 的应用场景，如果接收天线高度为 1.5 m、接收场强为 49.5 dBµv/m，计算半径分别为 50 km、25 km、10 km 时，地域覆盖分别为 17.03%、31.91%、59.78%，这表明在云南省昆明市，由于地理环境的影响，在云南大学翠湖校区周边 10 km 的范围内，由于周围地形地貌和建筑物的影响，仍有 40.22%地理位置区域接收电平低于 49.5 dBµv/m。因此，VHF/UHF 监测网覆盖能力评估有许多问题尚未解决，任重道远。

表 6.22　地域覆盖能力评估-VHF/UHF 频段典型业务发射参数

业务/参数	工作频率	发射功率	天线增益	发射带宽	天线高度
FM 调频广播	100 MHz	10 kW	10dBi	200 kHz	70 m
数字电视	700 MHz	1 kW	10dBi	8 MHz	70 m
150 MHz 模拟对讲机中继台	150 MHz	25 W	5dBi	25 kHz	50 m
400 MHz 数字对讲机中继台	410 MHz	25 W	5dBi	12.5 kHz	50 m
400 MHz 数字对讲机手持机	410 MHz	3 W	0dBi	12.5 kHz	1.5 m
350 MHz 数字集群基站	360 MHz	25 W	5dBi	25 kHz	50 m
800 MHz 数字集群基站	860 MHz	25 W	5dBi	25 kHz	50 m

表 6.23　地域覆盖能力评估-VHF/UHF 频段典型业务计算结果

工作频率	发射功率	天线增益	天线高度	天线高度	接收场强	计算半径	覆盖率
410 MHz	25 W	5dBi	50 m	1.5 m	49.5 dBµv/m	50 km	17.03%
410 MHz	25 W	5dBi	50 m	1.5 m	49.5 dBµv/m	25 km	31.91%
410 MHz	25 W	5dBi	50 m	1.5 m	49.5 dBµv/m	10 km	59.78%

图 6.58 计算半径为 10 km 时的覆盖图

（本图彩色版本见本书彩插）

图 6.59 计算半径为 25 km 时的覆盖图

（本图彩色版本见本书彩插）

图 6.60 计算半径为 50 km 时的覆盖图

（本图彩色版本见本书彩插）

小提示 12：地理环境与无线电监测覆盖

无线电监测网覆盖率与很多因素有关，除工作频率、发射功率、天线增益和天线高度等因素外(详见表 6.22)，地理环境是一个非常重要的因素。由于研究问题的复杂性，国家评估规范并没有考虑地理环境因素的影响。上述研究表明，即使是在 410 MHz 频段，地形地貌和建筑物的影响也非常大，建议相关主管部门继续完善无线电监测网覆盖率评估标准，为地面监测网的建设提供精准的数据支撑。

6.6 小结

本章内容较多，涉及机器学习、深度学习、AI 大模型、谱传感、基于图像处理的知识获取方法、无线电监管模型、知识推理、知识问答、Chat GPT 对话体验、智能与智慧、智慧无线电监管探讨、无线电监测数据集及应用等，涵盖了第四范式科学研究方法的核心内容。通过介绍上述内容，作者想表达在"两个大局"背景下建立无线电管理大数据标准和 AI 大模型的必要性与紧迫性，认为"AI 驱动的数据说话"是无线电监管的发展方向。

参考文献

[1] Brucher M. Scikit-learn[EB/OL]. [2023-12-04].

[2] 黄铭，汪明礼，杨晶晶. 无线电监管 App 开发与应用[M]. 北京：科学出版社，2021.

[3] Keras SIG. Keras 深度学习 API[EB/OL]. [2023-12-04].

[4] YU W, YANG K, BAI Y, et al. Visualizing and Comparing Convolutional Neural Networks[J]. arXiv: 1412.6631, 2014.

[5] 伊恩·古德费洛，约书亚·本吉奥，亚伦·库维尔. 深度学习[M]. 北京：人民邮电出版社，2017.

[6] LONG J, SHELHAMER E, DARRELL T. Fully Convolutional Networks for Semantic Segmentation[C]//Proceedings of the IEEE Conference on Computer Vision and Pattern Recognition（CVPR）. 2015: 3431-3440.

[7] 王溢琴. 基于深度学习的遥感图像语义分割方法研究[M]. 北京：科学技

术文献出版社，2023.

[8] Ronneberger O, Fischer P, Brox T. U-Net: Convolutional Networks for Biomedical Image Segmentation[C]//Medical Image Computing and Compater-assisted Intervention-MICCAI 2015, Munich, Germany, 2015: 234-241.

[9] 张乾君. AI 大模型发展综述[J]. 通信技术，2023，56（3）：255-262.

[10] Vaswani A, Shazeer N, Parmar N, et al. Attention Is All You Need[C]// Proceedings of the 31st International Conference on Neural Information Processing Systems (NIPS'17). New York, USA: ACM, 2017: 6000-6010.

[11] GU A, DAO T. Mamba: Linear-Time Sequence Modeling with Selective State Spaces[J]. arXiv, 2023.

[12] 黄铭，鲁倩南，杨晶晶. 知识驱动的无线电监管[M]. 北京：科学出版社，2021.

[13] 鲁倩南，陈德章，金肇元，等. 谱传感——基于知识驱动的无线电监管[J]. 中国无线电，2017（10）：25-26.

[14] 韩国骅. 上海地区"黑广播"现状及管理设想[J]. 中国无线电，2018（2）：32-33.

[15] 云南大学无线创新实验室. "黑广播"监测进入 AI 时代[J]. 中国无线电，2019（2）：78-79.

[16] 云南大学无线创新实验室. 基于谱传感的民用航空无线电监测系统 CARM[J]. 中国无线电，2019（3）：75-76.

[17] 田玲，张谨川，张晋豪，等. 知识图谱综述——表示、构建、推理与知识超图理论[J]. 计算机应用，2021，41（8）：2161-2186.

[18] 王智悦，于清，王楠，等. 基于知识图谱的智能问答研究综述[J]. 计算机工程与应用，2020，56（23）：1-11.

[19] Tunstall-Pedoe W. True Knowledge: Open-Domain Question Answering Using Structured Knowledge and Inference[J]. AI Magazine, 2010, 31(3): 80-92.

[20] 李德毅. 论智能的困扰和释放[J]. 智能系统学报，2024，19（1）：249-257.

[21] 孙梦辉. 智慧内涵的实证研究——基于文本挖掘和分析[D]. 南京：南京师范大学，2020.

[22] 5G 智慧城市安全需求与架构白皮书[R]. (2020-05-12).

[23] 国家广播电视总局科技司. 广播电视和网络视听大数据标准化白皮书（2020 版）[R]. (2020-08-25).

[24] SCHOLL S. RF Signal Classification with Synthetic Training Data and its Real-World Performance[J]. arXiv: 2206.12967, 2022.

[25] O'Shea T J, West N. Radio Machine Learning Dataset Generation with GNU Radio[C]//Proceedings of the GNU Radio Conference. 2016, 1(1).

[26] O'Shea T J, Corgan J, Clancy T C. Convolutional Radio Modulation Recognition Networks[C]//Engineering Applications of Neural Networks: 17th International Conference, EANN 2016, Aberdeen, UK, 2016: 213-226.

[27] ZHANG H, HUANG M, YANG J, et al. A Data Preprocessing Method for Automatic Modulation Classification Based on CNN[J]. IEEE Communications Letters, 25(4): 1206-1210.

[28] BAI H, HUANG M, YANG J. An Efficient Automatic Modulation Classification Method Based on the Convolution Adaptive Noise Reduction Network[J]. ICT Express, 2023, 9(5): 834-840.

[29] BAI H, YANG J, HUANG M, et al. A symmetric Adaptive Visibility Graph Classification Method of Orthogonal Signals for Automatic Modulation Classification[J]. IET Communications, 2023, 17(10): 1208-1219.

[30] 黄铭, 白海海, 杨晶晶, 等. 一种受限条件下无线电信号自动调制识别方法: 202310549127.8[P]. 2023-05-16.

[31] 王晓燕, 杨晶晶, 黄铭, 等. GNSS 干扰和欺骗检测研究现状与展望[J]. 信号处理, 2023, 39（12）: 2131-2152.

[32] WANG X, YANG J, HUANG M, et al. GNSS Interference and Spoofing Dataset[J]. Data in Brief, 2024, 54: 110302.

[33] LEVIE R, YAPER C, KUTYNIOK G, et al. RadioUNet: Fast Radio Map Estimation with Convolutional Neural Networks[J]. IEEE Transactions on Wireless Communications, 2021, 20(6): 4001-4015.

[34] YAPER C, LEVIE R, KUTYNIOK G, et al. Dataset of Pathloss and ToA Radio Maps with Localization Application[J]. arXiv: 2212.11777, 2022.

[35] Openstreet Map. OSM History Dump[EB/OL].

[36] CHEN Q, YANG J, HUANG M, et al. ACT-GAN: Radio Map Construction Based on Generative Adversarial Networks with ACT Blocks[J]. arXiv: 2401.08976, 2024.

[37] CHEN Q, HUANG M, YANG J. DC-Net: A Distant-range Content Interaction Network for Radio Map Construction[J]. ICT Express, 2024, 10(5): 1145-1150.

[38] 国家无线电管理规划（2016—2020 年）[R]. (2016-08-29).

[39] 云南大学电波传播预测系统[EB/OL].

[40] VHF/UHF 监测网功能和能力评估规范[R]. (2016-12-29).

无线电频谱故事

无线电频谱故事拟通过 10 个小故事将本书的主要知识点串联起来，便于读者理解书中的基本内容，同时增加阅读的趣味性。

故事 1 "半部电台"起家

今天，无线电通信已经飞入寻常百姓家，极大地便利了我们的生活，但在中国共产党创立之初，通信却极其困难。直到第一次反"围剿"，红军才从"半部电台"起家，开创了我党的无线电通信事业。

在第一次反"围剿"之前，由于没有无线电，红军主要靠司号、旗语、通信员人工传递和少量有线电话等通信手段进行指挥联络。在 1930 年 12 月的龙冈战斗中，红军歼灭了国民党第十八师，并缴获了一部功率为 15W 的电台。由于发报机在缴获过程中被损坏，这部电台只能收报而不能发报，因此被称为"半部电台"。这是红军最早的电台。随着"半部电台"受到革命感召加入红军的还有后来被毛泽东赞誉为我军通信工作"开山鼻祖"的王诤。在第二次反"围剿"中，王诤和他的战友正是靠这"半部电台"截获国民党军由富田到东固的行军计划等重要情报。红军根据此情报连夜设下埋伏，经过激战，以极小的代价将国民党第二十八师全部和第四十七师一个旅消灭。中华人民共和国成立后，王诤成为中国人民解放军中将，曾任中央军委通信部部长、邮电部党组书记、通信兵部主任、第四机械工业部部长、中国人民解放军副总参谋长。

随着红军的发展壮大，无线电通信技术在红军中得到了广泛应用，红军逐步建立起了一套完整的无线电通信系统。无线电成了我们党的"千里眼、顺风耳"，在革命战争中屡建奇功。红军通过无线电截获国民党各部队间往来电报，掌握了敌军的行军路线、部队位置、指挥命令等情报，为党中央指挥作战取得重大胜利，提供了关键情报保障。在中国革命史上留下了辉煌的一页。

在长征路上被誉为用兵如神的"四渡赤水"战役中，红军巧妙地穿插于国民党军重兵集团之间，以少胜多，变被动为主动。红军无线电侦察人员及时截获并破译敌人的密码情报，立下了汗马功劳。据时任中央纵队副司令员的叶剑英回忆："四渡赤水，在龙里、贵定之间不过 60 华里的地方，红军进进出出，局外人看来非常神奇，但我们十分清楚，很重要的一条，靠二局情报的准确及时，如果没有绝对准确的情报，就很难下这个决心。"抗日战争进入相持阶段后，敌后战场成为全国抗战的主战场，党中央要联络的单位几乎遍布全国。我们党建立了以延安为中心的无线电通信网络，无线电在党政军联络、情报传递方面发挥了重要作用；延安新华广播电台（呼号为 XNCR）通过无线电将延安的声音传遍全国、全世界。在解放战争中，无线电通信一方面承担了重要情报传递工作，例如，熊向晖将国民党"闪击延安""西安军事会议"等绝密情报通过地下电台发往中央；另一方面承担了关键的通信保障工作，在大决战时期，中央军委通过无线电通信，洞察全局，运筹帷幄，指挥战略决战，决胜于千里之外。例如，《关于辽沈战役的作战方针》《关于淮海战役的作战方针》《关于平津战役的作战方针》等指挥作战的重要电报都是通过无线电下达各野战军的。

由"半部电台"起家的红色无线电通信事业，随着我们党的革命事业一路走来，在各个历史时期发挥了无可替代的作用。毛泽东、朱德明确指出"无线电的工作，比任何部局的技术工作都更重要些"。中国共产党波澜壮阔的历史征程，也是我国无线电通信事业由小到大，由弱到强，逐步走向专业和成熟的发展史。如今各种无线电技术不断演进和迭代发展，无线电已成为我国国防建设与国民经济发展的重要支撑。

故事 2 频谱价值

无线电频谱资源属于国家所有，是国家重要的战略稀缺资源，但如何计算无线电频谱资源价值一直是无线电管理工作的主要难点之一。

起初，国家无线电管理机构采用行政管理方式划分、分配、指配频率，例如，广播电视部门利用 87～108 MHz 频段进行 FM 广播，民用航空采用 1090 MHz 频段广播 ADS-B 信号。1959 年，诺贝尔经济学奖得主罗纳德·科斯（Ronald Coase）首次提出了频谱市场的概念，此后 25 年将频谱接入作为一种资产进行交易的想法没有被再次提及，直到 20 世纪 90 年代频谱拍卖开始出现。

1993 年，保罗·米尔格罗姆（Paul Milgrom）接受美国前总统克林顿的委托，参与美国联邦通信委员会（FCC）的电信运营执照的拍卖工作，天才地完成了频谱拍卖机制的主要设计，使 FCC 的拍卖大获成功，并因此与罗伯特·威尔逊（Robert Wilson）一起同时获得了 2020 年诺贝尔经济学奖。20 世纪 90 年代，一般认为无线电频谱的定价机制分为拍卖、自由化、频谱交易和行政定价 4 类，公认的无线电频谱价值占 GDP 的 3%左右。

2001 年，我国首次对 3.5 GHz 频段地面固定无线接入系统的频谱交易进行拍卖市场化探索。2020 年 3 月，工业和信息化部发布《工业和信息化部关于调整 700 MHz 频段频率使用规划的通知》，要求将 702～798 MHz 频段频率使用规划调整用于移动通信系统，不再受理和审批该频段内新申请的广播业务无线电发射设备的型号核准许可。目前，我国无线电频谱主要采用行政定价和免许可证（自由化）应用方式。

2017 年，国际电信联盟（ITU）发布了《频谱经济价值评估方法》，介绍了建立频谱融资机制的策略、制定频谱费用公式和体系方法论的指导原则，以及无线电主管部门在频谱管理经济问题研究中的经验等。

2021 年，云南大学提出了新的无线电频谱价值计算方法，将频谱价值分为直接价值、数字产业化价值、产业数字化价值、文化价值和电磁空间安全价值。同年，中国信息通信研究院发布的《中国无线经济白皮书》表明，中国无线经济（数字产业化价值和产业数字化价值）占 GDP 比重为 5.43%，无线经济已成为国民经济的支柱产业。

2023 年 4 月，英国科学、创新与技术部发布了新的频谱声明，阐述了英国频谱政策的战略、愿景和原则。同年 11 月 13 日，美国白宫发布《国家频谱战略》和《总统备忘录》，强调"美国的经济、技术领导力和安全取决于频谱。频谱是全球技术竞争中的一个重要战略领域，因为它支撑着美国及其盟友和合作伙伴的数字经济"。

可见，无线电频谱是国家重要的战略稀缺资源，无线经济是国民经济的支柱产业，同时，无线电频谱具有文化价值和电磁空间安全价值。

故事 3　万物互联

互联网的本质是"连接"，通过连接实现了数据的自由流动与共享。移动互联网的实践表明，无线连接是实现万物互联的最佳手段。

早期，无线电设备非常昂贵，军队领导通过无线电台指挥部队作战，对获取战场的主动权起到了核心作用，无线电台是国之重器。红军从"半部电台"

起家，开创了中国共产党的无线电通信事业就是最好的例子。无线电台初步解决了人与人之间的"连接"问题，即需要联系就发起呼叫。

20 世纪 80 年代，世界上第一个蜂窝移动通信系统（AMPS）正式投入商用，开启了蜂窝移动通信时代。蜂窝移动通信系统采用空间频率复用的方法，极大地提高了无线电频谱的利用率，较好地解决了人与人之间的连接问题。通信运营商认为，只要无线通信基站数量足够多，就能实现任何人，在任何时间、任何地点，能够与世界上的任何人，进行任何方式的通信。

21 世纪初，随着蜂窝移动通信的发展，尤其是 4G 与互联网的深度融合，催生了移动互联网，实现了"人与人""人与物"连接。2003 年，移动互联网用户数量首次超过有线互联网用户数量，移动互联网的优势被社会广泛认可。随后，"网购""共享单车""网上银行""网络会议"等一大批可复制、可推广的新业态和新应用得到普及，移动互联网改变了人们的生活方式，数字经济时代到来。

最近几年，以 5G 和 AI 为代表的新一代信息通信技术已成为数字经济的基础设施，经济数字化转型开始。在移动互联网方面，5G 可以提供更快的下载速率和更稳定的网络连接，用户可以更流畅地享受高清视频、远程医疗和在线游戏等服务。在物联网领域，5G 的大连接特征可以支持大规模设备的联网，实现智能家居、自动驾驶、智慧农业和智慧城市等"物与物"连接的应用场景。在工业领域，5G 的低时延特性可以实现生产线的自动化和智能化，提高生产效率和产品质量。5G 时代无线电频谱服务经济社会发展的能力进一步增强，无线经济已成为国民经济的支柱产业。

未来，地面移动互联网与卫星互联网将实现深度融合，"空天地一体"成为6G 网络的新特征。6G 网络将实现物理世界人与人、人与物、物与物的高效智能互联，打造泛在精细、实时可信、有机整合的数字世界，实时精确地反映和预测物理世界的真实状态，助力人类走进人机物智慧互联、虚拟与现实深度融合的全新时代，最终实现"万物智联、数字孪生"的愿景。与之相伴，电磁空间无线电安全问题越来越突出，电磁空间将成为地缘政治的新疆域。在经济社会发展和国家安全中发挥不可替代的作用。

"人与人"的连接，"人与人""人与物"的连接，以及"万物智联"都离不开无线电波。在大国竞争中，谁占据了电磁空间的主导权，谁就能主导世界。

故事 4　无线电干扰

无线电波在开放空间中传播，容易受到干扰，导致无线信号传输质量下降甚至通信过程完全中断。无线通信的历史，本质上就是人类解决无线电干扰问题，提高无线通信质量的历史。

20 世纪初，人们发现相同频率的无线电波会产生相互干扰现象。为解决无线电干扰问题，无线电监管应运而生。例如，美国制定了 0～60MHz 无线电频率分配表，开始建设无线电监测系统，随后颁布了《1927 年无线电法案》，成立了联邦无线电委员会。1932 年，国际电信联盟（ITU）成立，ITU 无线电通信部门的主要职责是频谱分配、卫星轨道位置协调和无线电通信标准化。与此相对应，无线电通信系统采用大区制设计，无线电台发射功率大，优点是覆盖范围广，缺点是无线电频谱利用率低。这一时期我国无线电管理工作的指导思想是"少设严管"。

20 世纪 40 年代，海蒂·拉玛（Hedy Lamarr）发明了"跳频通信技术"。这是一种非同寻常的无线电扩频通信技术，它动态地使用多个载波频率进行无线传输。由于敌方不知道实时的无线电跳频图案，信息传输过程不容易被干扰和窃听。扩频通信技术的缺点是占用的带宽较宽，优势是抗干扰、抗多径，甚至在接收端无线传输信号功率密度低于噪声也能正常工作，因此采用这种技术的无线传输系统是相对安全的。现在广泛使用的通信系统，如 GNSS、Wi-Fi、CDMA 和 Bluetooth 等，均采用扩频通信技术。

20 世纪 60 年代，美国贝尔实验室（Bell Laboratory）发现，通过蜂窝组网调控邻近蜂窝之间的无线电干扰，可达到重复利用无线电频谱的目的，这种思想后来被称为蜂窝通信原理。蜂窝通信是无线通信发展史上最重要的技术之一。采用这种技术，在有限的无线电频谱资源内可以让大量的用户使用手机，完美地解决了人与人之间的无线连接问题。蜂窝通信与互联网融合后，移动互联网实现了"人与人""人与物"连接，支撑了数字经济的发展。最近，5G 网络实现了"物与物"连接，为经济数字化转型奠定了良好的基础。未来，以"空天地一体"为特征的 6G 网络，最终将实现"万物智联、数字孪生"的愿景。

无线电干扰是有害的，但采用扩频通信技术可降低或消除无线电干扰的影响。在蜂窝通信系统中，基站规划设计时允许适量的同频无线电干扰，可大幅提高移动通信网络的频谱利用率，同时这种同频无线电干扰的不利影响可通过采用通信信号处理技术缓解或消除。

在电子战中，合理利用无线电干扰是有益的，例如，通过无线电干扰可让敌方的通信设备失效或导弹偏离原来的轨道，军事上称为电磁频谱优势。如同制空权一样，现代战争中电磁频谱优势对战争的胜负起决定性作用。

故事 5　寻找发射源

寻找发射源是无线电监测的主要目标之一，目前常用的测向定位方法包括比幅测向、空间谱估计和 TDOA 定位等。然而，由于无线电波传输方式的多样性和传播环境的复杂性，寻找无线电发射源的许多理论和技术问题尚未完全解决。

早期，无线通信系统采用大区制设计方法，即要求发射天线高、发射机功率大。在这种应用场景下，监测站天线和发射天线之间是 LOS 环境，传统的无线电测向定位方法非常有效，这也是国内固定监测站建设项目验收时常以 FM 广播进行测向定位演示的原因。

20 世纪 60 年代，科学家发现，降低发射天线高度和发射功率，通过空间蜂窝复用频率可以提高无线电频谱利用率，这正是移动通信 1G、2G、3G、4G 和 5G 得以快速发展和大规模商用的主要原因。在这种应用场景下，监测站天线和基站发射天线之间存在许多 NLOS 环境，传统无线电测向定位方法基本失效。试想一下，如果您在一栋建筑物的前面，让您判断建筑背后人的运动方向和位置，您肯定会说"这太难了"。在无线电监测领域也是同样的，NLOS 环境下传统方法的测向定位结果不可靠。

NLOS 环境下的测向定位问题，目前来看至少有网格化监测和 AI 大模型两种技术方案。网格化监测的核心思想是在监测区域部署大量的无线电监测站，将大部分 NLOS 环境转化为 LOS 环境，以便采用传统的方法进行测向定位，这种技术方案的主要缺点是硬件成本高、数据处理复杂。实践证明，网格化监测在机场和重点区域无线电安全保障中发挥了重要作用。AI 大模型的核心思想是在监测区域进行无线电波传播仿真计算，获取监测区域的先验电波传播特征，进而得到 AI 大模型参数，利用 AI 大模型和测量数据实现无线电测向定位，这种技术方案的主要缺点是计算费用高，实际效果尚待证实。

为了进一步提高无线电频谱的利用率，科学家提出了无线扩频传输和动态无线电传输两种技术方案。在无线扩频传输场景下，扩频无线电接收机甚至在底噪以下都能正常工作，传统无线电监测站除非靠近扩频发射机，否则在距离较远时无法监测到扩频发射源的信号，更不能对发射源进行测向定位。同样，在动态无线电传输场景下，传统无线电监测站可能能监测到机会信号，但想依靠这种机会信号进行测向定位是非常困难的。解决无线扩频传输场景下的定位问题，可采用相干解调和 AI 模型实现区域定位，例如，针对 GNSS 信号欺骗和干扰问题，我们提出了通过扩频信号解扩获取监测信号载噪比，并结合 AI 模型实现 GNSS 信号监测和区域定位的解决方案。解决动态无线电传输场景下的发射源定位问题，可采用下行机会信号监测和 AI 模型进行发射源区域定位，例如，针对星链卫星用户终端的定位问题，我们提出了基于星链下行导频信号监测和异常频谱检测的解决方案。

故事 6　无线电信号脆弱性

开放空间中传播的无线电波经历了多径效应、多普勒效应等传播损伤，无线电信号时强时弱，具有明显的脆弱性。在无线通信系统中，接收机的主要任务就是采用无线通信信号处理技术减少或消除这些损伤，确保无线信息传输的完整性和可靠性。

早期，人们采用空间分集技术来克服无线电波多径传输所产生的传播损伤，亦称为快衰落。在移动通信、短波通信中多径传输快衰落深度可达 40dB，即接收天线上的空间场强在某时刻可能为 1，另一时刻可能为 0.0001，相差大约 1 万倍。空间分集技术利用无线电波传播环境中同一信号的独立样本之间不相关的特点，采用多天线接收和一定的信号合并技术来改善接收信号，减少或消除多径衰落引起的不良影响。但是分集天线之间的距离要满足大于 3 倍波长的基本条件。RAKE 接收机是一种典型的多径分集接收技术，它可以在时间上分辨出细微的多径信号，通过对这些分辨出来的多径信号分别进行加权调整，从而减少或消除多径衰落的影响。在 3G 移动通信 CDMA 系统中，因为信号带宽较宽，存在着复杂的多径信号，所以 RAKE 接收机是 3G 移动通信 CDMA 系统的核心技术。除空间分集外，时间分集、极化分集和频率分集等技术均可用于进一步改善无线电信号的接收质量。

除接收端可以采用空间分集技术外，发送端同样可以采用，这就是著名的多输入多输出（Multiple-Input Multiple-Output，MIMO）技术。MIMO 技术通过在发射端和接收端使用多个发射天线和接收天线，实现信号的多发多收，不仅能够抗多径衰落，而且在不增加带宽和天线发送功率的情况下可以增加传输系统的容量，提高无线电频谱利用率。MIMO 技术领域的另一个研究方向是空时编码，空时编码采用空间和时间上的编码，实现一定程度上的空间分集和时间分集，进一步降低信道误码率。正交频分复用（Orthogonal Frequency Division Multiplexing，OFDM）是另外一种抗多径衰落与频率选择性衰落的技术，其核心思想是把数据分散到多个子载波上，大大降低各子载波的符号速率，从而减弱多径传播的影响，若再通过采用加循环前缀作为保护间隔的方法，甚至可以完全消除符号间干扰。MIMO 是 4G 和 5G 移动通信系统的核心技术。

在移动通信系统中，移动终端移向基站时无线电波频率变高，远离基站时无线电波频率变低，这种多普勒效应同样会引起无线传播损伤，影响通信质量。一般当两者之间的相对速度大于 200km/h 时，应该采用技术手段消除多普勒效应的不利影响。例如，GSM-R 高铁通信系统中，可以采用多 RRU 共逻辑小区技术提高覆盖距离，减少高速列车移动终端的越区切换频率；采用基于分数阶傅里叶变换的 OFDM，可以提高选择最优变换阶次，提升无线电传输系统抗时间选择性衰落的能力。

故事 7　无线电信号多样性

根据 ITU 频率划分，各类无线电系统相关的业务种类多达 43 种，这些业务涉及天、地和宇宙空间。可以说，无线电系统是目前世界上最复杂的信号处理应用系统之一。由于无线电信号的脆弱性，科学家采用无线通信信号处理技术对抗各种无线电波传播损伤，以确保无线电传输的距离、信噪比、带宽、时延、可靠性和连接数等指标满足应用场景要求。

在无线通信的早期，科学家对无线电通信尚处于探索阶段，无线电信号处理相对简单，AM 和 FM 是最常用的调制方式，自动增益控制是关键技术。模拟调制方式通过改变载波信号的幅度、频率来传输信息，是无线电通信的基础，在当时的无线电通信领域发挥了重要作用，如电报、广播等。然而，模拟调制存在诸多缺点，如频谱利用率低、抗干扰能力弱、保密性差等。随着时间的推移，模拟调制逐渐不能满足日益增长的通信需求。

20 世纪 70 年代，随着数字技术的不断发展，数字调制方式逐渐取代了模拟调制方式。数字调制方式通过改变载波信号的离散状态来传输信息，比模拟调制方式更加复杂，增加了解码、解密和信道估计等环节。常见的数字调制方式包括频移键控（FSK）、相移键控（PSK）、正交幅度调制（QAM）等。每种数字调制方式又衍生出多种模式，如 QAM 包括 4QAM、8QAM、16QAM、1024QAM 等。与模拟调制方式相比，数字调制方式具有传输质量和频谱利用率高、抗干扰能力强、保密性好等优点，因此逐渐成为现代通信系统的首选调制方式，在无线通信领域得到了广泛应用，如蜂窝移动通信、卫星通信等。

进入 21 世纪，随着无线通信技术的快速发展，特别是移动互联网、认知无线电等新兴领域的崛起，对频谱资源的需求愈发强烈。为了满足这一需求，各种复用技术和扩频通信技术应运而生。频分复用（FDM）、时分复用（TDM）、码分复用（CDM）、正交频分复用（OFDM）和空分复用 MIMO 技术得到快速发展和广泛应用，不仅大大提高了频谱利用率和信号的多样性，还进一步增强了通信的抗干扰能力和数据传输速率，为无线电通信频率向更高频段拓展提供了有力支持。在 4G、5G 网络中，通过先进的编码、调制和信道估计方案，实现了高速、大容量的数据传输，为我们的日常生活和工业应用带来了无数便利。

随着科学技术的不断发展，无线通信技术逐步从低频段向高频段、从高功率到微功率、从低速率向高速率、从模拟通信向数字通信、从陆地通信向海陆空天一体通信、从单一通信业务向多样化通信业务演进，无线电信号类型也随之出现井喷式增长，信号越来越复杂、多样。从无线电管理的角度看，除了频谱资源日趋紧张和干扰形势更加严峻外，不同种类无线电信号的发现、捕获、分析和处理也变得更加复杂。

当前，我们正处于大数据和人工智能飞速发展的时代。新技术为无线电信号处理提供了新的机遇，同时也给无线电管理工作带来了新的挑战。为解决无线通信系统日益复杂和频谱资源日益紧张带来的难题，更加智能、高效和可靠的无线电监测设施和频谱管理系统的开发和应用是未来发展的必然趋势。

故事 8　看不见的无线电波

无线电波看不见、摸不着，无线电信号复杂多样。为方便公众、频谱管理人员与频谱监测人员进行有效沟通，将频谱监测数据以"图"的形式可视化和"图模型"的形式知识化。明确界定"什么人"能够"看什么"是今后无线电管理的发展方向。

一图胜千言，"图"不仅能够将大量的数据以直观的形式呈现出所要表达的信息，"图模型"还能表达复杂的逻辑关系，辅助用户进行决策。从监测数据可视化的角度看，频谱监测人员有义务将监测数据用"图"的形式表示出来，便于公众和频谱管理人员"看见"无线电监测技术设施及其作用。例如，我们开发了基于 Web 的电波传播预测系统，用户只需要进行简单的设置，即可"看见"各类固定监测站对不同无线电业务的监测覆盖范围，"看见"不同监测站的监测天线高度、增益、馈线损耗和监测灵敏度对监测覆盖范围的影响。通过构建无线电地图，用户可以"看见"无线电波的反射、绕射等物理现象，以及地形地貌和建筑物等对无线电波传播的影响，"看见"不同时刻无线电波的功率密度分布。

从无线电监管知识化的角度看，"图模型"能够表达任意对象之间复杂的逻辑关系，能够辅助用户进行决策，促进无线电管理的智慧化。例如，我们开发了基于图模型的无线电频谱数据管理系统，其核心思想是通过建立监测节点、管理节点和监督检查节点的空时图模型，揭示了无线电业务、频段划分、频谱监测数据、邻接矩阵和图属性特征与无线电监督检查的关联关系，回答了监测站监测到什么无线电业务，不同频段、不同业务的频率利用率是多少等基础性问题，可辅助用户进行决策。通过建立夜间灯光遥感数据与无线电业务空间场强数据的图模型，回答了无线电业务的地理区域覆盖率和人口覆盖率等问题。通过传感器节点记录 FM 广播音频文件，采用边缘计算检测音频文件声学特征，并将其传送到云端与正常 FM 广播播出时间、播出质量等先验信息关联，开发了基于 AI 的 FM 广播监测系统，并应用于实际的工程项目中。

无线电监测数据是敏感数据，无线电管理行政主管部门必须明确界定"什么人"能够"看什么"，这不仅关系到数据安全，还会影响行业的发展。数字经济时代，数据已经成为关键要素，其价值不仅在于驱动决策，还在于促进生产方式的变革和传统产业的转型升级。在本书中，我们介绍了国外公开的无线电信号 IQ 数据集和无线电地图重构数据集，公开了非敏感区域的 GNSS 干扰欺骗数据集，提供了获取无线电监测覆盖仿真数据集的工具。这些工作有利于读者将 AI 与无线电管理工作相结合，促进学术研究、学科建设和人才培养，为无线电管理领域的智慧化发展提供技术和人才储备，更好地服务于经济社会发展和国家电磁空间无线电安全。

故事 9　电磁空间安全——新时代的地缘政治

地缘是指因地理位置、距离和空间区域而构成的国家关系,地缘政治的基础是地理空间,核心是处理相邻国家间的关系,本质是权力政治。伴随着国家利益空间的日益扩大,历史上先后出现了陆权论、海权论、空权论、地缘经济学、文明冲突论和太空政治等地缘政治理论。

农业时代,人类生活和国家活动的主要载体是陆地,因此陆权成为地缘政治的唯一空间。工业时代,大航海把世界各国连接起来,海权成为地缘政治的重要目标和国家主权的重要内容。随着飞行器在民用和军事领域的广泛运用,空权成为国家安全的重要组成部分。20 世纪末,太空也展现出其独特的商业和军事价值,于是太空成为国家间竞争与合作的新组成部分,人类已然进入太空政治时代。信息时代,国家利益空间和国家安全的内涵有了新拓展,权力的构成要素不仅包括传统物化空间和网络空间,还有科技、文化和制度等软性因素,于是又产生了地缘经济学和文明冲突论。地缘经济学强调利用经济工具(从贸易、投资政策到制裁、网络攻击和外国援助)实现地缘政治目标;文明冲突论认为新的世界冲突的根源不再是意识形态或国家间的经济摩擦与政治对立,而是截然不同的文化,即非西方文明与西方文明对抗。

进入 21 世纪,影响地缘政治的因素增多,其中电磁空间、科技进步和大国政治等要素尤为突出,这些要素交互作用,跨越传统物化空间和网络空间,反映了新时代国家安全的特征和复杂面貌。电磁空间是一种由人造设备和自然界天然辐射产生的电磁波构成的物化空间,用以支撑人类社会和自然界在该空间中发生的电磁现象。电磁空间中的国家权力主要通过无线电频谱价值来体现。早期,无线电频谱主要用来传输广播电视信号,其经济价值相对较低。20 世纪80 年代,移动通信的普及增加了无线电频谱经济价值。最近二十年,移动通信与互联网的深度融合产生了移动互联网,移动互联网支撑了数字经济的发展和经济数字化转型。目前,与无线电频谱价值相关的无线电经济已成为国民经济的支柱产业。2020 年 12 月,《中华人民共和国国防法》发布,其中第四章第三十条规定"国家采取必要的措施,维护在太空、电磁、网络空间等其他重大安全领域的活动、资产和其他利益的安全",电磁空间安全重要性显现。电磁空间中无线电频谱的经济价值和安全价值快速增加,跨越传统物化空间和网络空间的电磁空间已成为地缘政治的新疆域。"电磁空间"如同"新大陆"一般,谁在电磁空间中占据了主导权，谁就能主导未来世界。

电磁空间是有地理边界的，边境区域无线电业务频率协调涉及国际规则、技术标准、兼容性协调等多个方面，以确保无线电频谱资源的有序、高效和可持续使用。无线电管理具有地理空间属性。电磁空间是一种物化空间，电磁空间安全像国土安全、军事安全、经济安全、社会安全、生态安全、资源安全、核安全、海外利益安全、生物安全、太空安全、极地安全和深海安全一样非常重要。电磁空间与网络空间不同，网络空间是在电磁空间的基础上构建的，电磁空间安全是科技安全的集中体现，就像没有芯片安全和基础软件安全就没有信息通信产业安全和高端制造业安全一样，没有电磁空间安全就没有网络空间安全。电磁空间具有跨越传统物化空间的属性，特别是"俄乌冲突"期间，无人机、GPS 和美国 Starlink 等卫星互联网业务带来了电磁空间无线电安全新挑战，对全球地缘政治的影响更广泛。

人类是环境的产物，国家安全战略是由国家权利与利益空间塑造和决定的，当电磁空间安全决定国家利益时，必须从地缘政治的高度思考其面临的挑战。

故事 10　探索宇宙面向未来

宇宙的起源是一个令人费解的问题，根据目前人类的认知水平，"创世大爆炸"之后的过程已通过无线电波探测证实，至于"创世大爆炸"之前的过程，宇宙学家也不知道，这表明了科学研究的局限性。

宇宙在"创世大爆炸"10^{-43} s 后进入量子引力时代，10^{-35} s 后宇宙加速膨胀，38 万年后产生宇宙微波背景辐射，最后在引力波和光波的作用下 140 亿年后演化成了现在的宇宙。近几十年的科学实验证实了"创世大爆炸"后发生的部分物理现象。

1964 年 5 月 13 日，美国贝尔实验室的天文学家阿诺·彭齐亚斯（Arno Penzias）和罗伯特·威尔逊（Robert Wilson）在不同波段上观测到宇宙空间中的各向同性微波辐射（峰值频率为 160.2GHz，温度为 3K），这一发现很好地解释了宇宙早期发展演化所遗留下来的无线电辐射，被认为是一个检验宇宙大爆炸模型的里程碑，其发现者阿诺·彭齐亚斯和罗伯特·威尔逊共同获得了 1978 年诺贝尔物理学奖。

1992 年，约翰·马瑟（John Mather）和乔治·斯穆特（George Smoot）领导的研究团队首次完成了对宇宙微波背景辐射的太空观测研究。他们对 COBE

卫星测量结果进行分析计算后发现，宇宙微波背景辐射与黑体辐射非常吻合，从而为大爆炸理论提供了进一步支持。另外，他们发现宇宙微波背景辐射在不同方向上温度有着极其微小的差异，即存在各向异性。这种微小的差异揭示了宇宙中的物质如何积聚成恒星和星系。约翰·马瑟和乔治·斯穆特因"发现宇宙微波背景辐射的黑体形式和各向异性"而共同获得 2006 年诺贝尔物理学奖，这个发现被认为是宇宙诞生于大爆炸的有力证据。

引力波探测分为天体物理起源探测和宇宙学起源探测两大类。天体物理起源包括中子星、恒星级黑洞等致密天体组成的致密双星系统的合并过程，这类引力波的频率处于 10～1000Hz 量级的高频段，相应的探测手段是地面激光干涉仪；大质量黑洞并合过程的后期、银河系内的白矮双星系统，这类引力波的频率为 10μHz～1Hz，这类引力波可通过空间卫星阵列构成的干涉仪来探测；超大质量黑洞并合，这类引力波的频率为 1nHz～1μHz，探测手段是脉冲星计时。宇宙学起源引力波被称为原初引力波，最好的探测方式是宇宙微波背景辐射的偏振（极化）实验，偏振实验探测的引力波频率处于 0.01～1fHz。宇宙微波背景辐射充满了整个宇宙，其大尺度 B 模式偏振是原初引力波的独特信号，即探测到 B 模式就证明原初引力波存在。我国西藏阿里天文台具有得天独厚的地理环境优势、观测气象条件与配套基础设施，是目前已知北半球最佳的宇宙微波背景辐射观测台址，观测窗口在 THz 频段。科学家对引力波的探测两次获得诺贝尔物理学奖。第一次是拉塞尔·赫尔斯（Russel Hulse）和约瑟夫·泰勒（Joseph Taylor）通过观测脉冲双星的办法，间接证明引力波是存在的，两人获得了 1993 年诺贝尔物理学奖；第二次是美国的两台激光干涉引力波天文台（Laser Interferometer Gravitational-wave Observatory，LIGO）直接探测到频率为 100Hz 的高频引力波，韦斯、巴里雷纳·韦斯（Rainer Weiss）、巴里·巴里什（Barry Barish）和基普·索恩（Kip Thorne）共同获得了 2017 年诺贝尔物理学奖。

无线电波是人类探测宇宙演化的主要手段，目前涉及的频率为 10^{-17}～10^{12} Hz，其中大部分频段与目前在用的无线电业务频段相邻或重叠，因此保护电磁环境任务艰巨。

反侵权盗版声明

  电子工业出版社依法对本作品享有专有出版权。任何未经权利人书面许可，复制、销售或通过信息网络传播本作品的行为；歪曲、篡改、剽窃本作品的行为，均违反《中华人民共和国著作权法》，其行为人应承担相应的民事责任和行政责任，构成犯罪的，将被依法追究刑事责任。

  为了维护市场秩序，保护权利人的合法权益，我社将依法查处和打击侵权盗版的单位和个人。欢迎社会各界人士积极举报侵权盗版行为，本社将奖励举报有功人员，并保证举报人的信息不被泄露。

举报电话：（010）88254396；（010）88258888

传　　真：（010）88254397

E-mail：dbqq@phei.com.cn

通信地址：北京市万寿路 173 信箱

     电子工业出版社总编办公室

邮　　编：100036

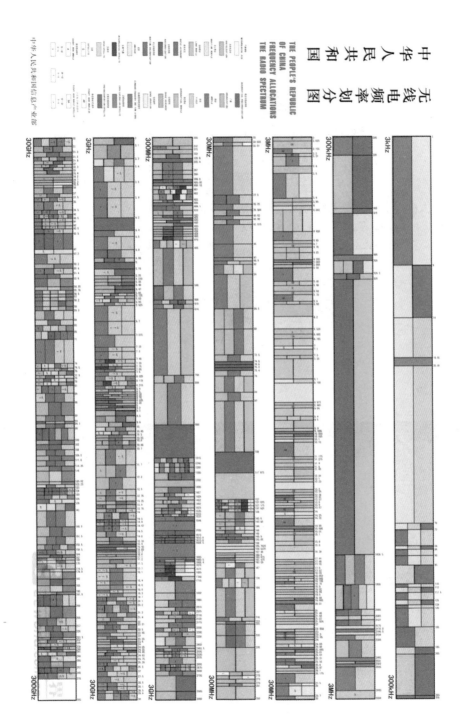

图 3.2　中华人民共和国无线电频率划分图

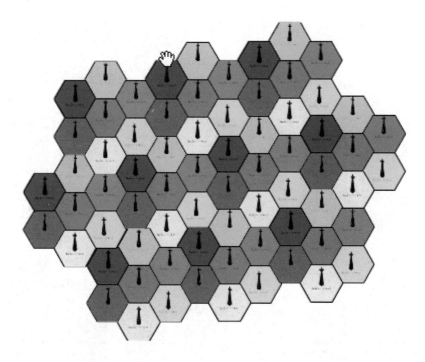

图 3.3　蜂窝通信原理

图 3.4　中国民航 ADS-B 运行体系

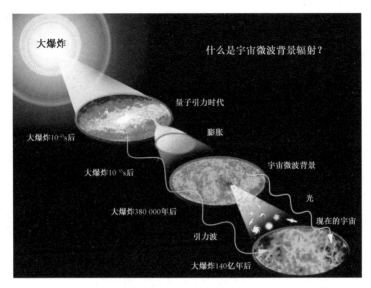

图 3.10 宇宙微波背景辐射示意图

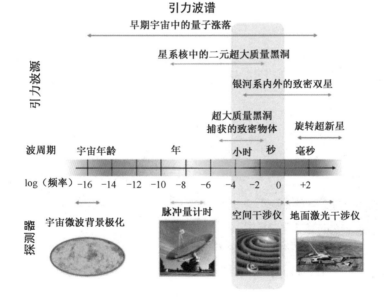

图 3.12 引力波源及相应的探测方式

图 4.3　云南大学无线电监测站室外天线

图 4.7　短波监测天线

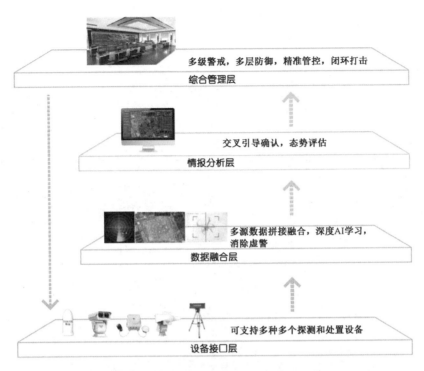

图 5.3　TDOA 多源融合无人机管控系统结构

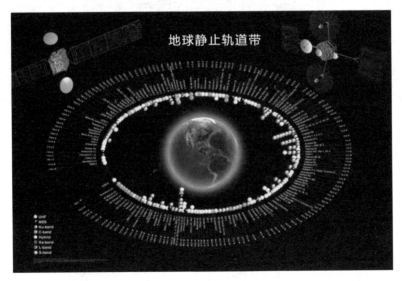

图 5.6　地球静止轨道带

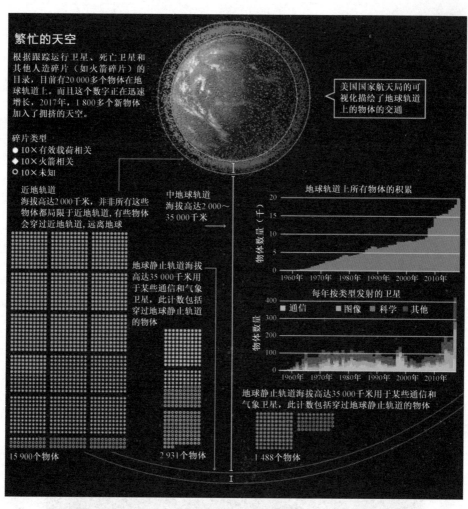

图 5.7　地球上空运行卫星、死亡卫星和其他人造碎片示意图

图 5.8　LEO 星座（左图）与部署到位的 12 批卫星（右图）示意图

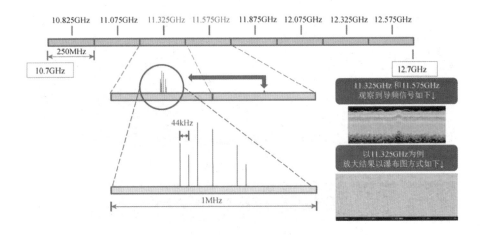

图 5.13 Ku 波段卫星下行导频信号特性示意图

图 6.57 云南大学电波传播预测系统界面

图 6.58　计算半径为 10 km 时的覆盖图

图 6.59　计算半径为 25 km 时的覆盖图

图 6.60　计算半径为 50 km 时的覆盖图